화장품은 내게 거짓말을 한다

화학 성분으로부터 피부 구출하기

화장품은 내게
거짓말을 한다

한정선 지음 헬스경향 기획

다온북스
DAON BOOKS

프롤로그

어느덧 한 해를 마무리하는 12월입니다. 올해는 모두가 코로나19로 인해 너무도 많은 희생을 감당해야 했습니다. 하지만 곧 백신과 치료제가 개발될 예정이라고 하니 절망의 끝이 보입니다.

이 책은 2018년 5월 헬스경향에서 연재를 시작한 〈닥터 한의 화장품 파헤치기〉라는 칼럼에서 화장품에 대한 궁금증, 오해와 진실, 올바른 사용법까지 독자에게 꼭 필요한 정보만을 정리한 것입니다.

처음 이 글을 쓰기 시작한 이유는 화장품 업체들의 현란한 마케팅에 속아 넘어갈 수밖에 없는 소비자들에 대한 안타까움 때문이었습니다. 매일 마스크팩을 하면 정말 피부에 도움이 될까요? 얼마 전 업체들이 마스크팩 판매량을 늘리기 위해 '1일 1팩'을 마케팅 수단으로 이용한 적이 있습니다. 정확한 정보가 없는 소비자들은 믿을 수밖에 없었지요. 이에 대한 반박이 '1일 1팩? 피부에는 방부제 폭탄!'이라는 글입니다. 우리 피부에는 약산성을 유지하며 외부의 온갖 균에 맞서 피부를 보호하는 상재균이 서식하는데, 화장품에 들어 있는 방부제는 이러한 상재균까지 소멸시킵니다. 결국 피부가 좋아지는 게 아니라 피부 밸런스가 무너질 수밖에 없습니다.

또 값비싼 아이크림은 일반 크림보다 노화 방지 기능이 뛰어나다는 게 정말일까요? 광고에서는 나이대별로 다른 아이크림을 사용해야 한다고 말하기도 합니다. 하지만 아이크림의 성분구성은 다른 기초제품의 성분과 다를 것이 전혀 없고, 특별한 제조공법을 가지고 있다는 증거나 자료, 연구 결과조차 없습니다. 굳이 비싼 아이크림을 고집할 필요가 없는 것이지요.

하지만 소비자들은 이러한 사실들을 알 수가 없습니다. 이 책을 통해 정보 부재를 이용한 마케팅에 제동을 걸고, 여러분께 정확한 사실만을 전달하고 싶었습니다. 또 특별한 화장품 없이도 생활 속에서 건강을 유지하는 방법을 소개하고, 독자분들에게 보다 가까이 다가가고자 합니다.

책을 내면서 돌이켜보니 부족하고 아쉬운 점이 너무도 많습니다. 하지만 '시작이 반이다'라는 말이 있듯이 이 책을 시작으로 더욱 알차고 좋은 화장품 정보를 전달할 수 있도록 정진하겠습니다.

항상 말없이 뒤에서 응원해 주는 가장 든든한 방벽이자 존경하는 가족에게 더할 바 없는 고마움을 전합니다. 또 이 책을 내기까지 큰 도움을 준 헬스경향의 조창연 국장님과 기자 식구들에게도 감사드리며, 늘 무엇보다 이 책을 출판하기까지 정성을 아끼지 않은 다온북스 편집부와 관계자들께도 머리 숙여 감사의 말을 전합니다. 고맙습니다.

앞으로 건강한 화장품 법칙이 누구에게나 적용되는 합리적인 세상을 꿈꾸며 이 책을 당신께 바칩니다.

🌿 바디 제품 사용 설명서

🌿 쓱싹 바르면 안티에이징이 된다?!

Fact

1장

일상 속
팩트 체크

Fact

저자극성 화장품?
이제 더 이상 현혹되지 마세요!

세안할 때 물이나 화장 솜조차 함부로 사용하지 못하는 이들이 있다. 바로 극미량의 미세먼지에도 큰 고통을 겪는 알레르기 피부, 예민성 피부 소유자들이다. 이들은 가능한 한 피부에 자극이 적은 화장품을 찾으려 노력한다. 그간 어떤 성분이 문제를 일으키는지 알지 못했다면 화장품 시장이 점차 발달해 다양한 제품이 쏟아짐에도 불구하고 여전히 소극적인 구매를 할 수 밖에 없었을 것이다.

이런 사람들에게 한줄기 희망이 된 것이 바로 화장품 라벨에 붙은 '저자극성 화장품', '순한 화장품' 또는 '저자극성 테스트 완료'라는 문구다. 하지만 이 문구가 실제로 어떤 의미를 내포하고 있는지 정확히 아는 소비자는 드물다.

일단 단어만 보면 문제성 피부의 자극 요인을 정확히 파악하고 과학적인 테스트를 거쳤거나 피부 자극을 최소화하기 위해 특수 화학 원료로 제조했으리라는 느낌을 받게 된다. 다른 화장품에 비해 자극이 적어 피부 문제를 해결해 줄 수 있다는 신뢰감을 주는 것이다.

🕊 기준 없는 '저자극성'

저자극성 화장품은 민감성 피부를 위해 만들어진 화장품으로 일반 화장품에 비해 안정성 기준이 높고, 제조 과정에서 불필요한 향료, 색소, 방부제 등의 화학 성분 사용을 최소화한다.

하지만 '저자극성'이라는 단어는 법적으로 유효한 개념이 아니다. 예를 들어 기능성 화장품은 식품의약품안전처(이하 식약처)에서 지정·고시한 원료를 사용해야 한다는 기준이 있지만 저자극성 화장품에 대한 기준은 없다. 따라서 현재 시중에 판매되고 있는 저자극성 화장품 중 공식적으로 인증받은 것은 없으며, 저자극성 화장품이라는 용어는 화장품 회사에서 마케팅으로 만들어낸 것에 불과하다. 게다가 일부 제품은 '저자극성 테스트'를 통과했다는 내용을 들어 제품을 홍보하는데, 소비자들은 이 테스트의 기준이 무엇인지 확인할 길이 없다.

우리 피부를 자극하는 요소는 수없이 많다. 그런데 과연 몇 가지 자극 테스트를 거쳤다는 사실만으로 셀 수 없는 경우의 수에 대비했다고 확신할 수 있을까? 게다가 사익을 추구하는 회사가 민간 연구소에 맡긴 테스트 결과를 어디까지 신뢰할 수 있겠는가?

천연이든 인공이든 모든 성분은 가공 과정을 거쳐 화학 물질로 만들어진다. 화학 물질이 전혀 포함되지 않은 화장품을 만드는 것은 불가능에 가깝다. 화장품은 어떤 식으로든 피부를 자극하는 성분을 함유할 수밖에 없다.

그러니 이제 저자극성이라는 단어에 속지 말자. 피부를 보호하는 가장 적극적인 방법은 피부에 자극을 주는 화장품 성분을 미리 알고 피하는 것이다. 방부제, 계면활성제, 향료, 색소 등 피부에 유해한 성분을 확인하는 습관을 들여 피부에 문제를 일으키는 요소를 피하거나 최소화하자.

🌿 바를수록 해로운 7가지 성분

화장품은 피부에 직접 닿는 것이다 보니 되도록 안전하고 효과적인 성분을 사용하려고 하지만, 아무래도 화학 공정을 거칠 뿐더러 유통 기한도 고려해야 하다 보니 해가 되는 성분도 더러 함유돼 있다.

바르면 바를수록 해로운 화장품 성분 7가지를 정리해 보았다. 이 7가지 성분만큼은 꼭 기억해두고 가능한 한 피하거나 조금이라도 덜 들어간 제품을 선택하자.

_계면활성제

계면활성제Surfactant는 물에 쉽게 녹는 친수성과 기름에 쉽게 녹는 친유성을 함께 갖추고 있다. 목적에 따라 샴푸, 클렌징 제품, 주방용품 등 세정용 제품에 쓰이기도 하고, 화장품의 수용성 원료 또는 오일이 잘 섞이게 하는 유화제로 사용되기도 한다. 또 립스틱, 틴트와 같은 메이크업 제품의 색소가 피부에 잘 발리게 하는 용도나 항균 목적으로도 쓰인다.

① 소듐라우릴설페이트

소듐라우릴설페이트Sodium Lauryl Sulfate 사용으로 인한 독성 영향 보고는 없지만, 이는 명백히 피부염과 알레르기의 원인으로 꼽히는 성분이다. 또한 동물실험과 임상실험에서 치료제 시험 전 피부를 자극하기 위해 사용하는 피부 자극제이기도 하다.

② 소듐라우레스설페이트

소듐라우레스설페이트Sodium Laureth Sulfate는 피부 자극 및 건조함, 경피수 손실, 피부 단백질 변성 등의 원인이 되는 피부 유분을 녹여 자극 정도를 높이는 성분이다. 또 모낭과 피부를 직접적으로 손상시킬 수 있으며 눈가와 두피를 자극하고, 머리카락의 단백질을 녹여 푸석푸석하게 만들 뿐만 아니라, 손, 얼굴, 팔의 부종을 유발할 수 있다고 보고됐다.

③ 폴리에틸렌글리콜

폴리에틸렌글리콜Polyethylene glycol은 주로 'PEG-숫자'라고 표기된다. 단독으로 사용했을 때는 독성이 약하지만 생산 과정에서 에틸렌옥사이드ethylene oxide, 다이옥세인1,4-dioxane과 같은 독성 물질이 포함될 수 있다는 우려가 있다. 특히 다이옥세인은 화장품 원료에 해당하지는 않지만 제조 과정에서 발생하는 불순물로 제품에 함유된 계면활성제의 함량과 종류에 따라 검출되는 양이 다르다.

세정제는 상대적으로 다이옥세인 검출량이 높지만 씻어내는 제품일 경우 피부 잔존량이 낮아진다. 하지만 에틸렌옥사이드와 다이옥세인이 국제암연구기관(IARC)에서 발암 물질로 분류된 위험 물질임에는 변함이 없다.

_방부제

화장품 제조사는 생산, 유통, 소비에 이르는 전 과정에서 제품이 박테리아나 곰팡이에 오염되는 일이 없도록 필연적으로 방부제(Antiseptic)를 사용한다. 하지만 방부제는 세포 독성 및 피부 알레르기 등의 원인이 되는 것으로 알려져 있다. 피부를 망치는 방부제의 종류는 다음과 같다.

① 파라벤

파라벤(Paraben)은 대표적인 방부제로 '파라옥시안식향산(para-hydroxybenzoic-acids)'의 약자다. 여기에는 메틸파라벤(Methylparaben), 에틸파라벤(Ethylparaben), 프로필파라벤(Propylparaben), 부틸파라벤(Butylparaben)이 속하는데 이 중 부틸파라벤과 프로필파라벤의 독성이 가장 강하다.

현재 화장품에 단일 파라벤을 단독 사용하려면 그 수치가 0.4%를 초과해선 안되며, 혼합해 사용할 경우에는 0.8%를 초과할 수 없다. 기준이 정해져 있다고는 해도 파라벤이 축적됐을 때의 위험성을 배제할 수는 없다.

② 페녹시에탄올

파라벤이 문제가 되자 페녹시에탄올(Phenoxyethanol)을 대체제로 사용해왔다. 하지만 얼마 전 미국 식품의약국(FDA)이 이 성분은 신경계에 영향을 끼쳐 구토, 설사, 호흡 저하 등을 일으킬 수 있다고 경고한 바 있다.

③ BHT

BHT^{Dibutyl Hydroxy Toluene}는 화장품에서 주로 산화 방지제 및 착향제로 사용되며 탈모와 피부 과민 등을 유발할 수 있다고 알려져 있다.

④ 헥산다이올

헥산다이올^{1,2-Hexanediol}은 항균 및 보존 역할을 보조하며 보습제로 사용되기도 한다. 하지만 파라벤 수준의 방부 효과를 기대하기는 어렵다. 또한 이 성분은 방부제로 분류돼 있지 않아 '무^無방부제' 콘셉트 화장품에 대체 성분으로 사용되곤 한다.

_PH조절제: 트라이에탄올아민

트라이에탄올아민^{Triethanolamine}은 강한 산성을 중화하는 과정에 사용되며, 수성 성분과 유성 성분을 유화시키고 피부에 보습력을 부여한다. 호흡기 질환과 피부 건조증을 일으킬 수 있어 일부 유럽 국가에서는 트라이에탄올아민을 발암물질로 지정해 사용을 금지하고 있다. 화장품 전 성분 표시(이하 성분표)에 간혹 포타슘하이드록사이드

Potassium Hydroxide로 표기되기도 하니 화장품 구입 시 잘 살펴보도록 하자.

저급알코올

알코올은 수렴제, 향료, 용제, 유화보조제 등으로 사용되며 저급알코올과 고급알코올로 나뉜다. 저급알코올은 피부에 자극을 줄 수 있어 피해야 한다.

참고로 고급알코올에는 세틸알코올Cetyl Alcohol, 스테아릴알코올Stearyl Alcohol, 세테아릴알코올Cetearyl Alcohol, 라우릴알코올Lauryl Alcohol 등이 있으며, 이들은 대부분의 화장품에서 보습을 담당한다. 같은 알코올이라고 헷갈리지 말자!

① 아이소프로필알코올

아이소프로필알코올Isopropyl alcohol은 살균 및 소독, 방부제 역할을 하는 성분이다. 이는 피부를 자극하고 어지러움, 두통을 일으키는 것으로 보고됐다. 이 성분이 성분표 앞쪽에 위치할 경우 예민한 피부는 피해야 한다.

② 변성알코올

변성알코올Modificated alcohol은 피부에 순간적인 청량감을 주지만 곧 피부를 건조하게 만들어 노화를 유발할 수 있다. 따라서 악건성이나 민감성 피부에는 적합하지 않다. 성분표에 이 성분이 포함되어 있다면 가능한 한 뒤쪽에 표기되어 있거나 아예 포함되지 않은 제품을 선택하자.

_실리콘

실리콘^{Silicon}은 제품의 발림성을 향상시키고, 피부에 얇은 오일 보호막을 형성해 수분 증발을 막음으로써 보습 기능을 겸한다. 형성된 오일 보호막은 피부에 윤이 나는 것처럼 표현되기 때문에 화장품 성분 중 정제수 다음으로 많은 비중을 차지하기도 한다. 하지만 건조함, 알레르기, 피부 호흡 방해 등의 부작용이 있으며, 환경 오염과 관련해 이슈가 되고 있는 성분이다. 피부에 문제가 되는 실리콘은 다음과 같다.

① 사이클로테트라실록세인

유럽 연합(EU)은 발암성, 유전자 변이, 생식 독성 등을 근거로 사이클로테트라실론세인^{Cyclotetrasiloxane D4}을 유해성 물질로 분류했다.

② 사이클로펜타실록세인

사이클로펜타실록세인^{Cyclopentasiloxane}은 내분비계 장애를 일으킬 위험이 있어 최근 유럽에서 사용 제한 원료로 지정됐다. 이와 함께 사이클로펜 타실록세인이 화장품 총 중량의 0.1% 이상 사용된 제품은 2020년 1월 31일 이후 출시를 규제한다고 규정했다.

_인공 색소

타르^{tar, 목재, 석탄, 석유 따위의 유기물을 건류 또는 증류할 때 생기는 걸고 끈끈한 액체}에는 벤젠이 나 나프탈렌이 포함되어 있는데 인공 색소는 이것으로부터 합성한 유기합성 색소다. 메이크업 제품이 아닌 기초화장품에 사용되는 색소는 단순히 시각 효과를 위한 것이므로 피부를 생각한다면 피해야 한다. 인공 색소는 일반적으로 성분표 가장 뒷부분에 위치하고 있으며 '색상+숫자+호수'로 표시된다. 예를 들자면 '황색☆☆호', '적색★★호' 등이다.

_인공 향료

인공 향료는 주로 프탈레이트^{phthalate}, 벤젠, 메탄올 같은 성분으로 이루어져 있으며 부작용은 두통, 현기증, 과색소 침착, 재채기, 구토, 염증 유발 등이다. 인공 향료는 성분명이 아닌 '향료'로 일괄 표시된다. 피부를 생각한다면 무^無향료 화장품을 선택하자.

Fact

겉은 번질번질 VS 속은 바짝바짝
당신의 진짜 피부 타입은?

    일반적으로 사람의 피부 타입은 지성, 건성, 민감성, 정상(중성) 혹은 복합성으로 분류된다. 소비자 역시 단순화된 피부 타입에 따라 화장품을 선택한다. 하지만 피부 타입은 시간의 흐름과 환경 변화에 따라 바뀌기 마련이다. 피부를 단순히 몇 가지 타입만으로 구분하면 자신의 피부를 제대로 이해하기 어려워 잘 맞지 않는 화장품을 구입하게 될 때가 많다. 이번에는 나에게 잘 맞는 화장품을 선택할 수 있도록 내 피부를 보다 정확히 파악하는 방법에 대해 알려드리고자 한다.

🌿 당신의 피부는 지성? 건성? 중성?

대부분의 매체에서 피부 표면에 피지가 많이 생성돼 유분이 가득하면 지성, 세안 후 얼굴이 심하게 땅기면 건성이라고 구분하고 있다. 하지만 몇 가지 현상만 보고 단정 짓기에는 무리가 있다.

화장품을 선택하기에 있어 가장 까다로운 경우는 건조하면서도 피지와 유분기로 번들거려 지성 피부인지 건성 피부인지 판단하기 어려울 때다.

피부는 유분과 수분이 적절한 비율을 유지할 때 건강한 상태이고, 피지선 기능이 저하돼 피부 보호막 역할을 제대로 못 하면 건조해진다. 이를 '유분 부족형 건성 피부'라고 하는데 단순 건성 피부로 판단해 수분만 공급해서는 안 된다. 이런 피부에는 피지막을 형성시키는 화장품이 필요하다.

반대로 수분 유지 기능이 떨어져 피부 안쪽은 건조하고 피부 표면은 상대적으로 피지가 왕성해 번들거리는 경우를 '수분 부족형 건성 피부'라고 한다. 이를 지성 피부로 착각해 피지를 지나치게 제거하면 피부의 유·수분밸런스가 무너진다. 때문에 수분 공급에 집중된 화장품이 필요하다.

건성 피부는 단순히 세안 후의 땅김 정도로 판단되는 것이 아니다. 유분 부족형 건성 피부나 수분 부족형 건성 피부나 건조하기로는 마찬가지지만 각기 다른 화장품을 선택해야만 한다.

그렇다면 지성 피부는 어떨까? 지성 피부는 피지 분비 기능이 활발해 일명 '개기름'이 줄줄 흐르지만 건조함을 느끼지는 않는다. 따라서 과잉 분비되는 피지를 조절해 줄 화장품을 선택하면 불편함이 어느 정도 해소된다.

지금까지 우리는 피부 타입을 4~5가지로 단순화하고 그것이 정석인 양 믿어왔다. 하지만 피부는 환경에 따라 변한다. 특히 우리나라처럼 사계절이 뚜렷한 나라에서는 피부 타입의 변화가 심하기 때문에 맞춤형 화장품을 선택할 수 있도록 보다 정확한 분류법이 필요하다.

🕊 바우만 피부 타입 분류법

미국의 피부과 의사 레슬리 바우만^{Leslie Baumann}은 《The Skin Type Solution》이라는 저서를 통해 피부 타입을 총 16가지로 분류하고, 각각의 특성에 따른 화장품 선택 및 피부 관리법을 제시했다.

먼저 자신의 피부를 4단계에 걸쳐 파악하고 분석한 뒤, 각 이니셜을 조합하면 16가지 피부 타입 중 한 가지 유형으로 결정된다. 앞으로는 이 테스트를 활용해 화장품과 피부 관리 방법을 결정해 보자.

그림1 바우만 피부 타입 분류법

STEP 1
Q. 건조한가? 피지가 많은가?
D 건조 Dry VS O 지성 Oily

STEP 2
Q. 자극으로부터 민감한가? 민감하지 않은가?
S 민감 ↑ Sensitive VS R 민감하지 않음 ↓ Resistant

STEP 3
Q. 색소가 잘 생기는가? 그렇지 않은가?
P 색소 ↑ Pigmented VS N 색소 없음 ↓ Non-pigmented

STEP 4
Q. 주름이 잘 생기는가? 그렇지 않은가?
W 주름 ↑ Wrinkle VS T 주름 없음 ↓ Tight

예시

건조하지만 민감하지 않고, 색소가 많으면서 주름이 없는 피부는 어떤 유형일까?

해설

이는 DRPT(Dry/Resistant/Pigmented/Tight) 유형이다.

DRPT 유형은 건조함을 해결할 수 있는 수분 공급 화장품과

색소 방지 또는 완화용 미백 화장품을 선택하고, '수분+미백' 관리를 해주면 좋다.

그림 2 · 분류에 따른 유형

DRPT	DRNT	DSPT	DSNT
건조 민감↓ 색소↑ 주름↓	건조 민감↓ 색소↓ 주름↓	건조 민감↑ 색소↑ 주름↓	건조 민감↑ 색소↓ 주름↓
DRPW	**DRNW**	**DSPW**	**DSNW**
건조 민감↓ 색소↑ 주름↑	건조 민감↓ 색소↓ 주름↑	건조 민감↑ 색소↑ 주름↑	건조 민감↑ 색소↓ 주름↓
ORPT	**ORNT**	**OSPT**	**OSNT**
지성 민감↓ 색소↑ 주름↓	지성 민감↓ 색소↓ 주름↓	지성 민감↑ 색소↑ 주름↓	지성 민감↑ 색소↓ 주름↓
ORPW	**ORNW**	**OSPW**	**OSNW**
지성 민감↓ 색소↑ 주름↑	지성 민감↓ 색소↓ 주름↑	지성 민감↑ 색소↑ 주름↑	지성 민감↑ 색소↓ 주름↑

예시

피지 분비량이 많고 예민하지만 색소나 주름이 없는 피부는 어떤 유형일까?

해설

이는 OSNT(Oily/Sensitive/Non-pigmented/Tight) 유형이다.

OSNT 유형은 피지 조절 화장품과 민감성 화장품을 선택하고,

'지성+민감' 관리를 해주면 피부 건강에 도움이 된다.

Fact

세안 후 스킨이라는 공식은
이제 버리자

세안 후 스킨을 바르는 것은 습관이 되어버린 행동 중 하나다. 사람마다 스킨을 바르는 방법도 각양각색이다. 솜에 묻혀 닦아내는 사람, 볼을 터뜨리기라도 할 것처럼 두드려 흡수시키는 사람, 마사지하듯이 가볍게 두드리는 사람 등. 그런데 우리는 왜 세안 후엔 스킨을 꼭 발라야 한다고 생각하게 된 걸까?

스킨에 대해 말하기 전에 먼저 세안제에 대해 이해해야 한다. 세안제의 종류는 매우 다양하다. 일반적으로 폼 세안제, 가루 세안제, 액체 세안제, 고체 세안제 등으로 나뉘며, 예컨대 폼 클렌징, 클렌징 워터, 아이 리무버 등이 있다. 개인의 기호와 피부 타입에 따라 제품을 선택하지만 공통적인 목적은 불순물을 자극 없이 깨끗이 닦아내는 것에서 크게 벗어나지 않는다.

하지만 사실 자극 없이 피부의 불순물을 닦아낸다는 건 불가능한 일이다. 좋은 세안제란 무엇인가? 바로 가능한 한 자극을 최소화하면서 잔여 화장품과 불순물을 최대한 깨끗이 닦아내는 제품이다. 세안제 마케팅에서 가장 많이 언급되는 단어가 바로 'pH Potential of Hydrogen, 수용액의 수소 이온 농도를 나타내는 지표'이다. 과연 pH는 스킨과 무슨 관계가 있을까?

🕊 가장 중요한 건 피부 pH 농도 유지

우리 몸은 항상성여러 가지 환경 변화에 대응하여 생명 현상이 제대로 일어날 수 있도록 일정한 상태를 유지하는 성질을 유지하는데 어떤 이유에서든 pH 균형이 깨지면 신체가 불편해진다. pH란 용액의 수소 이온 농도를 나타내는 지수로 쉽게 말

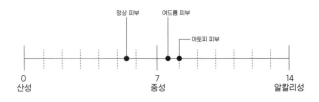

그림 3	PH 농도에 따른 피부 상태

정상 피부   여드름 피부

아토피 피부

0
산성

7
중성

14
알칼리성

하자면 용액의 산성도(염기성도)를 알 수 있는 척도라고 생각하면 된다. pH는 0부터 14까지로 나뉘며, pH7(중성)을 기준으로 숫자가 낮을수록 산성, 숫자가 높을수록 알칼리성으로 분류된다.

우리 피부는 외부 자극과 감염으로부터 신체를 보호하기 위해 pH 5.5~5.9 정도의 약산성을 유지하며 몸의 균형을 이룬다. 피부에서 분비되는 산성 분비물이 피부의 천연 보호막 역할을 하기 때문이다. 이러한 분비 기능이 저하된 여드름 피부의 pH 농도는 7.5, 아토피 피부는 pH8.0 정도이다. 알칼리성에 가까울수록 피부 트러블이 많아진다는 사실을 알 수 있다.

일반적으로 세안제는 크게 약산성과 알칼리성로 나뉜다. 먼저 약산성 세안제는 거품이 적고, 세안 후 미끌미끌하다는 단점이 있다. 이 때문에 세정력이 부족하다고 느껴질 수도 있지만 대신 피부 자극이 적다는 장점이 있다.

반면 알칼리성 세안제는 풍부한 거품과 강한 세정력으로 깨끗이 닦아냈다는 느낌을 준다. 하지만 이는 피부에 강한 자극을 주고 피부가 땅긴다는 단점이 있다.

잘못된 세안 상식으로 인해 여전히 알칼리성 세안제를 선호하는 사람이 많다. 알칼리성 세안제를 사용할 경우 우리 피부도 알칼리성에 가까워지게 된다. 이때 중화 반응^{산과 염기가 반응하여 염과 물이 생기는 일}을 통해 피부의 pH 농도를 약산성으로 유지하는 데 사용하는 것이 바로 스킨이다. 스킨 외에도 같은 용도의 다른 용어가 많은데 이는 2장 〈성분표에 진실이 있다〉 중 '스킨? 토너? 부스터? 화장품 용어 제대로 알기!' 를 참고하자.

스킨은 피부 표면의 pH 농도를 4.5~5.5로 유지하도록 돕는다. 하지만 pH 농도를 꼭 스킨 사용으로 유지할 필요는 없다. 정상 피부나 약산성 세안제를 사용하는 사람까지 스킨을 필수적으로 써야 하는 것은 아니다. 세안 후 일정 시간이 지나면 피부의 정상 활동을 통해 천연 보호막이 생성돼 pH가 유지되기 때문이다.

그동안 우리가 사용해 온 스킨은 대부분 정제수(물)로 만들어졌기 때문에 특별한 기능적 효과가 있는 것은 아니다. 단지 세안 후 깨진 pH 균형을 약산성으로 되찾아 준다는 명분 아래 과용된 것은 아닐까 의심해 볼 수 있다. 세안 후 스킨이라는 공식은 과감히 버리자. 우리 피부는 생각보다 자정 능력이 좋다.

🌿 건강한 피부를 위한 바른 세안 방법

피부 건강을 위한 올바른 세안 방법으로는 첫째, 내 피부에 맞는 세안제 선택, 둘째, 적정한 물 온도, 셋째, 자극 없이 건조하기 등을 들 수 있다.

세안제의 기본 기능은 세정 작용이지 기능성 성분에 의한 특수 효과가 아니다. 화장품 성분과 그 잔여물을 닦아내는 것이 목적이니 굳이 고가의 기능성 세안제를 선택하지 않아도 된다. 비누든 폼 클렌징이든 상관없다.

또한 극단적인 온도 변화로 피부에 자극을 주는 것은 좋지 않다. 따라서 미온수로 세안하는 것이 좋다. 종종 모공 수축을 위해 세안 후 찬물로 마무리하는 것이 좋다는 이도 있는데, 이는 1차 세안으로 확장된 모공을 일시적으로 수축시키는 것뿐이다. 시간이 지나면 찬물로 인해 잠시 차가워졌던 피부 온도가 다시 오르면서 본연의 피부 상태로 되돌아간다. 때문에 피부를 자극하는 행동이 될 뿐 지속적인 효과를 바라기는 어렵다.

마지막으로 세안 후 마른 수건으로 박박 문질러 물기를 제거하는 습관을 버려야 한다. 최대한 자극 없이 세정을 마쳐도 피부는 이미 세안제와 마찰 등으로 인해 자극을 받은 상태이기 때문에 2차 자극을 줄여야 한다. 비록 시간이 좀 더 걸리더라도 수건을 이용하지 않고 자연 건조하면 자극 없이 세안을 마무리할 수 있다.

Fact

아내가 쓰는 화장품, 내가 써도 될까?
알쏭달쏭 헷갈리는 남녀 화장품

아버지의 아침은 늘 차가운 세숫물과 알코올 냄새가 코를 찌르는 파란색 화장품으로 시작됐다. 시간이 많이 흘렀지만 아직도 아버지를 생각하면 그 화장품의 진한 알코올 냄새와 새벽, 그리고 부지런함이 떠오른다.

그런데 왜 아버지의 '향기'가 아니라 '냄새'일까? 혹시 아버지는 코끝을 찌르는 알코올 냄새를 '남자다움'이라고 생각하신 건 아닐까?

🌿 여성과 남성,
우리는 왜 화장품을 따로 써야 할까?

일반적으로 성별을 구분 짓는 요인은 호르몬 분비의 차이에 있다. 우선 호르몬의 분비 과정을 살펴보자. 뇌하수체에서 특정 호르몬을 생성하도록 자극을 일으키고, 이로 인해 각기 다른 호르몬이 분비된다. 대표적으로 남성은 테스토스테론, 여성은 에스트로겐이라 불리는 성호르몬이 방출된다.

이러한 호르몬 분비는 생물학적으로 많은 변화를 가져오는데 특히 피부 구조의 변화가 두드러진다. 남성호르몬인 테스토스테론은 피부에 영향을 미쳐 진피층을 두껍게 만든다. 남성의 피부 진피층은 여성보다 약 25% 정도 두꺼운 것으로 보고되며, 남성의 피부를 만졌을 때 좀 더 투박하게 느껴지는 이유가 바로 이것이다. 남성은 30세 이후 테스토스테론 분비가 연간 약 1%씩 감소되는데, 이는 내적 노화의 중요한 요소로 작용한다.

또한 부신, 난소 및 고환에서 분비되는 남성호르몬 안드로겐은 피지선을 왕성하게 만들고 피지 분비량을 늘려 모공이 넓어 보이게 한다. 남성은 피지 분비량이 여성보다 약 4.3배나 많아 여드름 발생 확률이 높다. 하지만 피지가 피부 수분 증발을 막아 피부를 유연하게 만들고, 면역 기능을 높여 외부 세균 침입을 막아준다는 장점도 있다. 지나친 피지 분비는 문제의 소지가 될 수 있지만 노화를 걱정하는 입장에서는 오히려 달가운 일이다.

반면 여성호르몬인 에스트로겐은 히알루론산 생성을 촉진시켜 남성보다 부드럽고 촉촉한 피부를 만들어 준다. 하지만 남성보다 진피층이 얇기 때문에 입가나 눈가에 잔주름이 잘 생긴다. 남성의 경우 잔주름 형태보다는 좀 더 깊고 굵은 주름이 생긴다.

여성은 40대 이후 갱년기를 겪으면서 에스트로겐 분비량이 감소되는데, 이는 곧 콜라겐과 엘라스틴^{elastin, 포유류의 결합 조직에 들어 있는 탄력성이 많은 단백질의 하나}의 붕괴를 일으켜 피부 주름 생성과 건조화 가속이라는 문제의 원인이 된다. 그러니 주름이 신경 쓰인다면 호르몬 관리가 필수다.

이러한 구조적 차이로 인해 남성용 화장품과 여성용 화장품이 구분되기 시작했다. 일반적으로 남성용 화장품은 에탄올 및 변성 알코올 함량을 높임으로써 청량감을 주고 피지를 조절하는 역할을 한다.

30대 미만 남성의 피부에는 두꺼운 콜라겐이 형성되어 있으므로 탄력이나 주름 개선을 위한 기능성 화장품이 필요 없다. 하지만 30세 이후부터는 남성호르몬의 저하로 인한 피부 노화에 대응해야 하기 때문에 수분 공급을 기본으로 하고 주름 개선 및 미백 기능 등이 추가된 화장품을 사용하되, 피지 조절 기능이 있는 제품의 사용 빈도는 줄여야 한다.

만약 피지 분비량이 현저히 줄어 건조함을 느끼는 30대 남성이라면 여성용 화장품을 사용해도 무방하다. 하지만 여성용 화장품을 사용한 뒤 뾰루지나 여드름이 생긴다면 지나친 유분 때문일 수 있으니 사용을 중단해야 한다.

반면 여성용 화장품의 경우 유·수분 함량이 높아 얼굴을 번들거리게 만든다. 피부가 얇고 피지가 적어 세균 등 외부 침입에 취약하므로 유·수분을 수시로 공급하며 피부를 보호하는 것이다.

간혹 여성 중에서도 피지 분비량이 많고 여드름이 많은 이들이 있다. 이런 경우라면 남성용 화장품을 사용해도 무방하다. 앞서 말했듯 남성용 화장품에는 피지 조절 성분이 많이 포함돼 있으며, 이 성분은 남성에게 특화된 성분이 아니라 불필요한 피지들을 제거하고 조절하는 데 도움을 줄 뿐이다.

결국 남성용 화장품과 여성용 화장품은 성별에 따른 특별 성분이 있는 것이 아니라 피부 구조에 따라 성분 배합이 다를 뿐이다. 따라서 자신의 피부 타입과 나이에 맞춰 융통성 있게 나눠 쓰거나 같이 써도 큰 문제는 되지 않는다.

🌿 여성호르몬 빠진 자리엔 수분을 채워라

완경기(폐경기)가 다가오면 두 가지 상반된 감정에 사로잡힌다. 지긋지긋한 월경이 끝났다는 안도감과 시원섭섭함, 그리고 왠지 모를 아쉬움, 서글픔이 그것이다.

완경은 난소 기능 저하와 함께 동반되며 여성의 인체 시스템에 전반적으로 영향을 준다. 피부에만 문제가 생기는 것이 아니라 우리 몸을 이루는 유기체 전체에 큰 변화를 겪게 된다.

완경 후 5년 동안 진행되는 급격한 에스트로겐 저하는 우리 몸에 있는 콜라겐의 약 30% 정도를 소실시키며, 이후로도 매년 약 2.1%씩 지속적으로 감소한다. 엘라스틴도 매년 1.5%씩 감소되며 피부의 수분 함유량이 급격히 저하돼 피부 두께가 얇아진다. 이는 주름을 유발하기 때문에 완경 전부터 주름 예방을 위한 대책 마련이 절실하다.

완경을 맞은 여성들이 가장 많이 호소하는 피부 문제는 바로 '안면홍조'다. 대략 50~85%의 여성이 이를 경험하며, 강한 열감을 느끼고 목 부위에 홍조가 생긴다. 또 맥박이 급격히 증가해 불안감이 높아지기도 한다. 이밖에 여성형 탈모를 경험하기도 하는데 이는 자신감을 떨어뜨려 심한 우울증의 원인으로 작용한다.

완경기 여성의 피부 건강 관리 핵심은 수분감을 유지하고 피부에 충분한 영양을 공급하는 것이다. 또 호르몬 저하로 늦어진 각질 탈락 주기를 맞추기 위해 일주일에 한 번은 각질을 제거해 세포 재생을 촉진시켜야 한다.

식물성 오일이나 고보습 크림을 사용해 건조함을 채우고 수분 증발도 차단하는 것도 중요하다. 알코올 성분이 포함된 화장품은 피부 건조를 유발해 안면 홍조를 가중시키므로 가급적 피해야 한다.

간혹 여성호르몬 대체 성분이 함유된 화장품이라며 완경기 여성의 피부 건강을 되찾아 주겠다고 광고하는 제품도 있지만 이는 검증되지 않은 주장에 불과하다. 차라리 항산화 성분이 포함된 화장품을 선택해 외부 유해 인자로부터 피부를 보호하는 것이 더욱 경제적이고 효과적이다.

안면 홍조와 같은 피부 문제를 해결하기 위해서는 술과 담배를 멀리하고 심리적 불안감을 해소할 방법을 찾아야 한다. 신진대사 능력을 높이기 위해 정기적인 운동도 필수다. 또 수분 보충을 위해 물을 자주, 많이 마시는 습관을 들이는 것이 좋다. 이와 함께 콩, 아이소플라본과 같이 식물성 에스트로겐이 함유된 식품이나 건강식품을 섭취해 대체 여성호르몬을 공급하는 것도 중요하다.

인간 수명이 늘어남에 따라 여성은 완경 이후에도 에스트로겐 결핍 상태로 인생의 1/3을 살아가야 한다. 남은 인생을 보다 윤택하게 살기 위해서는 완경기 이후에도 건강을 유지할 수 있도록 미리 대비할 필요가 있다.

$\mathcal{F}act$

화장품 유통 기한과 사용 기한의 차이

외국인 지인들이 화장품 시장 조사에서 공통적으로 확인하는 것이 있다. 바로 화장품 성분과 유통 기한이다. 화장품 성분을 꼼꼼히 확인하는 것이야 충분히 이해되지만 유통 기한에 특별히 신경 쓰는 것은 좀 특이하다고 느껴져 그 이유를 물었다. 사용 기간이 긴 제품을 선호하기 때문이란다. 그러고 보니 제품마다 유통 기한이 제각각인데 정확한 기준과 확인 방법은 무엇일까?

🌿 유통 기한과 사용 기한, 차이가 뭘까?

우리나라는 「화장품법」에 의해 제품 포장 시 제조 일자(화장품이 생산

된 날짜), 유통 기한(화장품이 제조된 날부터 제품의 변질 없이 소비자에게 유통되는 기간), 사용 기한(개봉 후 제품을 안전하게 사용할 수 있는 기한)을 기재하게 돼 있다. 하지만 유통 기한을 정하는 기준은 따로 정해져있지 않기 때문에 화장품 회사가 자체적으로 유통 기한을 결정하고 표기한다. 이때 기준은 크게 두 가지다.

첫 번째는 해당 화장품의 효능 유지 기간이다. 화장품을 제조할 때 첨가된 성분들은 제품이 외부의 열, 공기 등과 접촉하면서 자연스럽게 분해된다. 당연히 본연의 효능이 떨어지게 되고, 시간이 지날수록 무용지물로 전락한다. 특히 외부의 열에 취약한 성분이 함유된 제품은 개봉 후 최대한 빨리 소진해야 한다.

두 번째는 세균으로부터 화장품이 오염되지 않고 유지되는 기간이다. 화장품은 정제수가 기반인데 이를 오랜 기간 유통하기 때문에 균에 취약하다. 특히 정제수 함량이 많은 토너는 균에 더욱 쉽게 오염된다. 때문에 개봉 후 가능한 한 빨리 써야 한다.

이처럼 화장품 회사들은 제품 특성에 따라 유통 기한을 달리 표기한다. 화장품의 제형과 성분 등이 각기 다르기 때문에 하나의 카테고리로 묶어 유통 기한을 일원화시키기 어려운 것이다. 이러니 소비자들이 유통 기한과 사용 기한을 어려워할 수밖에 없다. 꼼꼼히 살펴봐야 할 화장품 유통 기한, 좀 더 쉽게 확인할 수 있는 방법을 알아보자.

🕊️ 유통 기한 남았어도 이미 개봉했다면 사용 기한 내에 다 써야 한다

먼저 화장품 용기를 자세히 살펴보면 제조 날짜 및 유통 기한(예를 들어 2019년 1월 1일까지라면 '20190101'로 표기)이 표기돼 있다. 이 유통 기한 안에 화장품을 개봉해야 하며 개봉 후에는 용기에 표시된 '6M', '12M' 등의 숫자를 먼저 확인해야 한다(그림 4 참조). 이 숫자는 사용 기한이다. 6M은 개봉 후 6개월, 12M은 개봉 후 12개월 안에 소진해야 한다는 의미다.

예를 들어 오늘이 2020년 11월이고 2020년 1월 1일까지 유통 기한인 제품이 있다면 개봉하지 않았더라도 이미 사용할 수 없다. 또한 유

| 그림 4 | 유통 기한 표기 예시 |

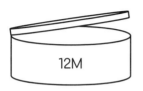

통 기한이 2022년 1월 1일까지인 제품을 2021년 1월 1일에 개봉했고, 용기 겉면에 '6M'이라고 표기돼 있다면 2021년 7월 1일 전에 소진해야 한다.

이렇듯 제품에 사용된 성분의 특성 및 함량에 따라 사용 가능한 기간이 각기 다르기 때문에 '유통 기한'과 '사용 기한'을 반드시 비교해 구입해야 한다. 그리고 피부 건강을 위해 제품 개봉 후에는 사용 기한 내에 다 쓰도록 하자.

지나치게 긴 유통 기한을 자랑하는 화장품은 필연적으로 방부제를 많이 넣을 수밖에 없다. 이와 관련해 지인이 "방부제 때문에 우리 피부도 방부 처리돼 늙지 않겠다"고 말해 큰 웃음을 준 적이 있다. 하늘이 두 쪽 나도 화장품 방부제로 노화를 늦출 수는 없다. 성분은 꼼꼼히 따지지만 지나치게 긴 유통 기한을 원하는 친구들의 선택이 그저 방부제에 대한 환상은 아니었겠지?라는 생각을 해본다.

피부를 작살내는
사소한 생활 습관 7가지

갑자기 기온이 떨어지면 면역력이 약한 피부에도 비상벨이 켜진다. 이럴 때 피부 관리실이나 병원에 방문하기에 앞서 버려야 할 생활 습관을 알아보자. 피부를 건강하게 만드는 것도 중요하지만 더욱 중요한 것은 피부 망치는 습관을 먼저 버리는 것이다.

🌿 피부를 망가뜨리는 생활 습관

뽀드득 뽀드득 지나치게 세안하기

이태리타월을 보아 알 수 있듯 한국인에게 때 밀기란 거의 본능이다. 이는 세안법에도 그대로 적용돼 이중·삼중 세안으로 이어진다.

뽀드득 소리가 날 정도로 피부를 빡빡 밀고 개운해하는 이들이 많다. 화장품에 포함된 화학 성분도 문제지만 세안 과정에서 물리적인 힘을 가하는 것도 피부를 예민하게 만들고 피부장벽을 파괴해 면역력을 떨어뜨리는 주범임을 잊지 말자.

_수건으로 빡빡 문지르기

이는 지나친 세안으로 상처받은 피부에 또다시 타격을 입히는 행동이다. 마찰을 이용해 물기를 제거하면 피부를 자극하게 된다. 모든 피부 트러블은 예민한 피부에서 시작된다는 사실을 기억하고 시간이 조금 걸리더라도 자연 건조하도록 하자.

_턱을 괴거나 피부 만지기

'1830 원칙'은 하루에 8번 30초씩 손을 씻자는 캠페인이다. 많은 일을 감당하는 우리 손은 그만큼 접촉이 많은 신체 부위이기도 하다. 우리는 일상에서 온갖 박테리아와 접촉하게 된다. 이러한 손으로 피부를 만지거나 턱을 괴는 습관은 피부에 온갖 박테리아를 퍼뜨리는 지름길이다.

_스마트폰으로 오래 통화하기

우리 생활과 가장 밀접한 스마트폰! 하지만 한 연구 조사 결과 스마트폰에는 식중독균을 비롯해 다양한 박테리아가 기생하고 있으며, 이는 화장실 변기보다도 더럽다는 결과가 나와 충격을 줬다. 휴대폰 액정을 피부에 접촉하며 통화하는 시간이 길어질 수록 각종 세균과 바이러스도 함께 대화하고 있다는 것을 잊지 말자!

_피부 수분을 송두리째 빼앗는 히터 사랑

겨울철 히터가 가동되면 실내가 건조해지고 가뜩이나 기온 변화로 인해 신진대사가 원활하지 못한 우리 피부 속 수분도 함께 빼앗긴다. 이에 따라 피부 밸런스가 크게 무너지면서 안팎으로 수분 부족 현상이 가속화된다. 또 히터 속 세균이나 먼지 역시 피부 건강을 해치는 요인이다.

_생각날 때만 세탁하는 베게 커버

오후 10시~오전 2시 사이에 숙면을 취하면 나오는 호르몬이 피부 노화를 늦춰준다는 것은 이제 누구나 알고 있다. 하지만 매일 사용하는 베게 커버가 청결하지 못하다면? 잘 때 두피에서 배출되는 온갖 피지와 노폐물은 고스란히 베갯잇에 스며든다. 그런데 어쩌다 한 번 세탁하는 베갯잇에 얼굴을 묻고 자는 습관을 갖고 있다면…….
생각만 해도 끔찍하다.

_각질 제거에 목숨 걸기

요즘 '닦토'가 유행이다. '닦아 쓰는 토너'라는 뜻의 신조어로 보통
화장 솜에 토너를 묻혀 피부를 닦듯이 흡수시켜 각질 제거를 겸하
는 방식이다. 매일 하는 닦토는 물론 잦은 스크럽 사용이나 고마지
gommage, 각질 제거 딥클렌징의 일종, 딥 클렌징 제품 이용도 문제가 될 수 있다.
각질 제거란 지나치게 쌓인 각질을 화학적·물리적 방법으로 없애는
것인데 이것이 지나치면 피부 보호막까지 손상시키기 때문에 문제
가 된다. 게다가 닦토로 매일 길들여진 피부는 스스로 턴 오버turn over
주기를 챙기지 못할 수도 있으니 주의하자.

TIP. 피부에 좋은 사소한 생활습관

① 세정은 간단히

메이크업 리무버, 클렌징 티슈, 폼 클렌징, 클렌징 크림, 클렌징 젤, 클렌징 비누 등 세정용 화장품의 종류는 다양하지만 목적은 단 한 가지 수용성과 지용성 성분을 깨끗이 닦아내는 것이다. 메이크업을 지울 때 먼저 지용성 성분을 제거하는 화장품을 사용한 다음, 수용성 성분을 제거하는 클렌징 제품으로 마무리하는 것이 좋다. 하루 종일 스트레스 받은 피부에 이중·삼중 세안은 오히려 자극이 될 뿐이다.

② 마른 수건 사용하지 않기

마른 수건으로 피부를 박박 문지르는 습관은 피부에 큰 자극을 줘 더욱 예민하게 만든다. 가능한 한 자연 건조 방식으로 피부 자극을 줄이는 습관이 피부에 큰 도움이 된다.

③ 기초화장은 간단하게

기능은 비슷한데 각양각색의 이름으로 소비자를 헷갈리게 만드는 화장품이 차고 넘친다. 화장품은 특히나 과유불급이다. 따라서 피부에 잘 맞으면서 최대한 간편하게 수분과 영양을 공급할 수 있는 제품을 선택하는 것이 좋다. 많이 덧바른다고 많이 흡수되는 것은 아니다.

④ 틈틈이 셀프 마사지하기

따로 피부 관리 시간을 내기 어렵다면 틈틈이 셀프 마사지를 해 피부 혈색을 되찾자. 간단한 지압만으로도 혈액 순환이 원활해져 피부 건강에 도움을 준다.

⑤ 주기적으로 베개 커버 바꾸기

하루의 1/3 정도를 함께 하는 베개 커버를 주기적으로 바꿔 청결한 수면 환경을 조성하자. 엎드려 자는 수면 습관을 가져 베게에 얼굴을 묻고 잔다면 더욱이 직접적인 영향을 받는다. 그러니 하루에 한 번 갈아입는 옷만큼이나 신경 써야 한다.

⑥ 바른 수면 자세 갖추기

엎드려 자는 습관은 피부에 오랜 시간 자극을 줄 뿐더러 얼굴에 주름을 남긴다. 가능한 한 바른 자세로 자는 습관을 들여 피부에 무리가 가지 않게 하자.

⑦ 자외선 차단제 바르기

일반적으로 기초화장의 마무리 단계를 크림이라고 생각하곤 하는데 엄밀히 얘기하면 자외선 차단제까지 발라야 기초화장이 끝난 것이다. 자외선 차단제는 선택이 아닌 필수다. 단 자외선의 영향이 미미한 저녁에는 이를 생략해도 좋다. 자외선 차단제는 기초화장 단계에서 바른 뒤 일정 시간마다 덧발라야 제대로 효과를 볼 수 있다.

Fact

2장

성분표에
진실이 있다

Fact

자외선 차단제,
얼마나 알고 있니?

　자외선이 대량 방출되는 계절이면 화장품 회사들은 경쟁하듯 자외선 차단제를 출시하고 마케팅에 열을 올린다. 심지어 한 번 바르면 12시간 동안 자외선 차단 기능이 유지된다고 홍보하는 말도 안 되는 제품도 있다. 간편함을 내세워 소비자들을 유혹하는 것이다. 한 번 도포로 12시간 동안 유지되는 건 절대 불가능한 일인데 마치 마법이라도 부리는 것마냥 한껏 포장해 버젓이 판매하고 있다. 도대체 어떻게 12시간 유지라는 계산 값이 나오게 된 걸까? SPF 지수 계산 공식을 알려줄 테니 함께 알아보자.

🍃 한 번 바르면 12시간 이상 가는 자외선 차단제?

화장품 회사들은 SPF 지수가 자외선으로부터 피부를 보호하는 '시간'을 의미하며, 이에 따라 SPF1은 15분 동안 자외선으로부터 피부를 보호할 수 있다는 의미라고 설명한다. 이에 따르면 SPF50인 제품은 50×15(분)=750분, 즉 12시간 30분 동안 자외선 차단 효과를 지닌다. 소비자들은 이 말을 가감 없이 믿고 'SPF1은 15분간 자외선을 차단해 준다'는 공식으로 자외선 차단 시간을 계산하고 SPF 지수가 높은 제품을 선택하는 오류를 범하게 된다.

15분이라는 숫자는 과연 어디에서 비롯된 것일까? SPF 지수에 따른 자외선 차단 유효 시간 해석은 'MED시간'을 고려한 계산법에서 기초한 것이다. 그런데 이는 외부 영향을 전혀 고려하지 않고 실험실에서 피부를 광원에 노출했을 때 홍반이 발생하는 최소 시간을 계산한 것이다. 따라서 이러한 논리를 자외선 차단제에 적용하는 것은 일반화의 오류임에 틀림없다. 실제로 자외선 차단제를 바르고 활동할 때 고려해야 하는 환경적 영향(기후, 고도, 노출 시간 등)을 전혀 감안하지 않았기 때문이다.

SPF는 Sun Protection Factor의 약자로 자외선B가 피부를 손상시켜 일광 화상을 일으키는 것을 막고 피부를 보호해 주는 자외선 차단의 양이라고 설명할 수 있다. SPF 지수는 자외선B 차단 제품의 효과를 표현할 때 사용되며, 쉽게 말해 자외선 차단제를 사용했을 때와 사용하지 않았을 때 피부에 홍반이 생기는 시간 차이를 숫자로 나타낸 것이다. 하지만 홍반은 일반적으로 피부에 즉각 나타나지 않으며, 눈에 띄지 않게 진행되는 경우가 많다. 또한 홍반 발생 시점은 사람마다 다르고 즉각적이지 않기 때문에 정확히 예측하기 어렵다. 따라서 홍반이 나타나는 시간을 단순히 15분으로 일반화시키는 것은 오류다.

이러한 이유로 SPF 지수는 '자외선이 차단되는 시간'으로 이해하기보다 '차단할 수 있는 자외선 양'으로 이해하는 것이 맞다. 즉 SPF1은 '15분 동안 자외선으로부터 피부를 보호할 수 있는 상태'가 아니라 '자외선 차단제를 바르지 않은 상태'라고 이해해야 한다.

표1. SPF 지수 계산 공식

$$\text{SPF 지수} = \frac{\text{제품을 도포한 피부의 최소 홍반량(MED)}}{\text{제품을 도포하지 않은 피부의 최소 홍반량(MED)}}$$

자 이제 다시 계산해 보자. SPF5는 SPF1보다 홍반 발생 시간 연장률은 5배 높고, 자외선 흡수량은 1/5 수준이다. 따라서 SPF5의 자외선

표2. SPF 지수에 따른 자외선 차단율 분석

SPF 지수	홍반 발생 시간 연장율	자외선 흡수량	자외선 차단율
SPF1	맨살 또는 차단력 없음	1/1 (100%)	0%
SPF2	SPF1의 2배	1/2 (50%)	50.00%
SPF5	SPF1의 5배	1/5 (20%)	80.00%
SPF10	SPF1의 10배	1/10 (10%)	90.00%
SPF15	SPF1의 15배	1/15 (6.7%)	93.00%
SPF20	SPF1의 20배	1/20 (5.0%)	95.00%
SPF30	SPF1의 30배	1/30 (3.4%)	96.60%
SPF40	SPF1의 40배	1/40 (2.5%)	97.50%
SPF50	SPF1의 50배	1/50 (2.0%)	98.00%

차단율은 80%이다. 이렇게 정리하면 SPF30의 최종 자외선 차단율은 96.6%, SPF50은 98%가 된다(표2 참조).

SPF 지수가 높을수록 자외선 차단율이 높은 것이지 자외선 차단 시간이 길어지지는 않는다. 일반적으로 야외 활동을 할 때 자외선 차단제를 바르는데, 땀을 흘리고 피지가 발생하면 자외선 차단 기능이 떨어지므로 2~3시간에 한 번씩 오백 원짜리 동전 크기만큼 덧발라줘야 제 역할을 다 할 수 있다. 지구 어디에도 12시간 이상 지속되는 자외선 차단제는 없다.

🕊️ SPF 지수가 높으면 효과적일까?

선크림, 선블록, 선젤, 선스프레이, 선스틱 등 다양한 자외선 차단 제품의 포장용기에는 'SPF○○'가 표기되어 있다. SPF 뒤에 적힌 숫자가 높을수록 자외선 차단 기능이 높아져 피부를 더 효율적으로 보호할 수 있을 것이라고 착각하기 쉽지만 앞서 살펴봤듯 꼭 그런 것만은 아니다. 이번에는 차단 정도를 따져보자.

일반적으로 자외선 차단제는 피부에 보호막을 형성하는 물리적 차단 방식과 피부에서 일어나는 화학적 반응을 이용하는 화학적 차단 방식으로 만들어진다. 좀 더 자세히 설명하자면 일반적으로 산란제를 사용하는 물리적 차단 방식에서는 대표적으로 징크옥사이드^{Zinc Oxide}와 티타늄디옥사이드^{Titanium Dioxide}가 쓰이는데, 이는 아주 작은 뿌옇고 탁한 입자의 색소이며 자외선을 산란^{散亂, 파동이나 입자선이 물체와 충돌하여 여러 방향으로 흩어지는 현상}하는 방식으로 피부를 보호한다.

흡수제를 사용하는 화학적 차단 방식에는 옥시벤존^{Oxybenzone}, 아보벤존^{Avobenzone} 등 벤젠 계열의 성분이 쓰이며, 이는 피부에서 무색으로 투명하게 표현되고 피부에 흡수돼 에너지로 변화한 뒤 소멸된다. 화학적 차단 방식으로 만들어진 제품은 지속 시간이 긴 편이다.

표피에서 흡수되는 자외선B를 차단하기 위해 흡수제를 사용하고, 피부 노화의 원인으로 지목되는 자외선A는 산란제가 차단한다. 결국 SPF 지수가 높을수록 화장품에 첨가하는 흡수제 함량이 더 높아질 수밖에 없는데 피부 흡수 과정에서 피부세포 분자 배열 변화가 일어날 수 있고, 알레르기, 광독성 반응에 대한 위험성을 증가시킬 수 있어 주의할 필요가 있다.

SPF 지수가 높을수록 더 많은 화학제품을 바르는 셈이다. 그렇다면 과연 SPF 지수가 높을수록 자외선 차단에 효과적인 걸까?

결론부터 말하자면 SPF20 이상부터는 자외선 차단 효과 면에서 큰 차이가 없다. SPF30인 제품은 성능 면에서 SPF10보다 3배 더 좋을 것 같지만 사실 두 제품의 자외선 차단율 차이는 약 7% 밖에 안 된다. 덧붙여 SPF30 제품과 SPF60 제품의 성능 차이는 고작 2%도 안 된다. 피부를 혹사시키면서 SPF 지수가 높은 제품을 고수할 필요가 전혀 없다.

우리 피부는 자외선을 받으면 이를 흡수해 '멜라닌'이라는 물질을 만든다. 멜라닌은 외부 자극으로부터 피부를 보호하는 천연 자외선 차단제 역할을 한다. 비교적 멜라닌 생성 능력이 부족한 서양인의 경우 피부 보호 능력이 떨어지기 때문에 피부암에 취약하다. 자외선 차단제는 이제 우리 삶에 꼭 필요한 화장품으로 자리 잡았지만 사실 멜라닌을 물리적으로 제지하면서 화학 덩어리를 바르는 아이러니이기도 하다. 그러니 무조건 자외선 차단 지수가 높은 제품을 사용하기 보다는 상황에 따라 적절한 제품을 선택하도록 하자.

🌿 무기자차 사용을 권장합니다!

자외선 차단제는 태양으로부터 우리 피부를 보호해 주었지만 환경은 보호하지 못했다. 특히 바다 생태계 파괴에 일조하고 있다. 2018년 5월 1일 미국 하와이주 의회는 산호초를 보호하기 위해 옥시벤존(벤조페논-3)과 옥티녹세이트(에틸헥실메톡시신나메이트)가 포함된 자외선 차단제 판매 금지 법률안을 통과시켰다.

자외선 차단제는 크게 '유기자차'^{'유기 화합물 계열 자외선 차단제'의 줄임말}와 '무기자차'^{'무기 화합물 계열 자외선 차단제'의 줄임말}로 나뉜다. 옥시벤존과 옥티녹세이트는 대표적인 유기자차 성분이다. 이들은 벤젠 계열의 유기화학물질로, 자외선을 받으면 그 에너지를 흡수해 화학 반응을 일으킴으로써 피부에 흡수되지 않게 한다. 두 성분 모두 눈 시림과 피부 자극 발생 가능성이 높지만 자외선B 차단력이 우수하고 발림성이 좋아 선쿠션, 선스프레이, 선블록 등의 원료로 사용된다.

한편 대표적인 무기자차 성분은 티타늄디옥사이드(이산화티타늄)와 징크옥사이드(산화아연)로 금속과 금속 산화물을 이용해 자외선을 물리적으로 반사 또는 산란시켜 피부를 보호한다. 이 성분들은 피부 안정성은 높지만 균일하게 도포하기 어렵고, 얼굴이 하얗게 뜨는 일명 '백탁현상' 때문에 소비자의 기피 경향이 높다.

문제는 유기자차 성분인 옥시벤존이 산호초에 백화현상^{하얗게 탈색되는 현상}과 DNA 손상을 일으켜 정상 성장 및 번식에 심각한 영향을 미친다는 것이다. 또 옥티녹세이트는 산호초 내의 유해 바이러스를 활성화시켜 사멸을 유도하는 것으로 알려졌다. 개인의 기호에 따라 선택하는 자외선 차단제가 산호초 파괴를 부추기고, 여기에 기후 변화로 인한 수온 상승이 화학 작용을 가속화시킴으로써 더욱 심각한 결과를 낳는 것이다.

2018년 녹색연합이 시중에 유통되는 자외선 차단제의 유해 성분 파악을 위해 모니터링한 결과, 79개 제품 중 60%에 달하는 47개 제품에 옥시벤존, 옥티녹세이트 등 한 개 이상의 유해 성분이 함유된 것으로 조사됐다. 제주도 남부해안을 비롯한 국내 연안에도 연산호^{산호 중 탄산칼슘성 골격을 갖지 않은 산호류}가 서식하고 있다는 점을 감안한다면 이들 제품의 사용을 심각하게 고려해야 한다. 산호뿐만 아니라 식물성 플랑크톤과 해조류 생존까지 위협받는 상황이다.

어쩌면 나의 기호만으로 화장품을 선택하는 것은 이기적인 생각일지도 모른다. 오늘 편의를 위해 내린 선택이 내일 나의 건강을 위협하는 악순환이 반복되는 것은 아닐까?

앞으로는 백탁현상 때문에 다소 꺼려지더라도 무기자차를 사용하는 것이 어떨까? 화장품 회사 역시 환경에 대한 사회적 책임을 다하기 위해 최대한 유해 성분을 배제하는 노력을 보일 필요가 있다. 지금 우리의 사소한 선택이 다음 세대를 위한 최선의 선택이 될 수 있음을 기억하자.

Fact

스킨? 토너? 부스터?
화장품 용어 제대로 알기!

피부 관리와 미용에 관심 있는 이들에게 화장품 쇼핑은 커다란 즐거움 중 하나다. 새로 출시된 신제품을 가장 먼저 손에 쥐는 일은 무엇보다 신나고 흥분된다. 하지만 막상 사용해 보면 이전부터 사용해오던 화장품과 무엇이 다른지 도무지 구별하기 어렵다. 이번엔 차고 넘치는 화장품 종류를 잘 이해하지 못해 우왕좌왕하는 소비자들을 위해 기초화장품 용어를 정리하고자 한다. 참고로 각 스텝별로 하나씩만 구입하는 것이 피부 건강에도 도움이 된다는 사실, 잊지 마시길!

🕊 단계별 기초화장품 용어 바로알기

_STEP1. 가장 먼저 사용하는 '화장수

기초화장의 제일 첫 번째 단계에서는 일반적으로 '화장수'라 분류하는 제품을 사용한다. 세안 후 잔여 노폐물 정리와 피부결 정돈, 이후에 함께 사용할 화장품의 흡수를 돕는 역할을 한다.

헷갈리지만 비슷한 역할을 하는 화장품

스킨(Skin) | 토너(Toner) | 밸런서(Balancer) | 스킨로션(Skinlotion) | 부스터(Booster) | 소프너(Softner) | 아스트린젠트(Astringent) | 엑티베이터(Activator)

_STEP2. 기능성 고농축 화장품 흡수 단계

기초화장의 두 번째 단계는 기능성 고농축 화장품을 흡수시키는 단계다. 이 단계에서 사용하는 화장품은 피부 타입에 맞춰 필요한 특정 농축 성분을 배합해 피부 문제에 도움을 준다. 일반적으로 점성의 차이로 인해 질감^{편집자 주-미용 제품 소비자들은 주로 텍스처(texture)라는 표현을 사용하며, 피부에 발랐을 때 가볍거나 무거운 느낌을 나타낼 때 사용한다}이 각기 다르다. 자신의 피부 타입에 따라 하나만 선택해 사용하면 된다.

헷갈리지만 비슷한 역할을 하는 화장품

에센스(Essence) | 세럼(Serum) | 앰플(Ample) | 컨센트레이트(Concentrate) | 플루이드(Fluid) | 캡슐(Capsule)

_STEP3. 보습·영양 성분 공급 단계

기초화장의 세 번째 단계는 피부 보습 및 영양 성분 흡수 단계다. 또 피부 보호막을 형성함으로써 수분 증발을 막고 유·수분을 공급한다. 물과 오일의 함량에 따라 다양한 제품이 있지만 굳이 여러 개 사용할 필요 없이 피부 타입에 따라 하나만 선택하면 된다.

헷갈리지만 비슷한 역할을 하는 화장품

모이스처라이저(Moisturizer) | 에멀션(Emulsion) | 로션(Lotion) | 크림(Cream) | 젤크림(Gelcream) | 밤(Balm) | 하이드레이터(Hydrator)

_STEP4. 자외선 차단제 바르기

기초화장의 마지막 단계는 자외선 차단제를 바르는 것이다. SPF25~30 사이의 제품 중 취향과 환경, 피부 타입에 따라 선택하면 되는데 가능하면 선크림을 고르고 꼼꼼히 바르는 습관을 들이자.

헷갈리지만 비슷한 역할을 하는 화장품

선크림(Suncream) | 선블록(Sunblock) | 선젤(Sungel) | 선스틱(Sunstick) | 선스프레이(Sunspray)

Fact

항산화 성분이 무려 6,000ppm?!
알고 보니 고작 0.6%

언젠가 신제품 론칭 행사에서 화장품 전문가를 인터뷰한 적이 있다. 유럽이나 미국에서는 곧잘 사용되지만 아직 우리나라에는 생소한 성분을 함유한 제품이라 한껏 기대하고 있었다. 인터뷰를 마무리하며 이런 질문을 했다.

"신제품에 사용된 ○○○ 성분의 함량은 얼마나 되나요?"

그러자 행사에 동행한 해당 회사 직원이 의기양양하게 "6,000ppm입니다"라고 답변했다.

6,000ppm. 얼핏 들으면 대단히 고함량인 것 같지만 전 성분에 견줘보면 적어도 너무 적어 말하기 민망할 정도였다. 내가 놀란 건 그들의 당당한 태도 때문이었다. ○○○ 성분에 대한 취재가 핵심이었던 그 인

터뷰 기사는 결국 싣지 못했다.

이처럼 효능을 강조하기 위해 회사마다 각각의 화장품 성분 함량 표시 단위를 사용하는데 소비자 입장에서는 아무리 들어도 가늠이 안 되는 것이 사실이다.

🌿 ppm? %?
단위를 정확히 이해해야 속지 않는다

화장품의 부피, 무게, 농도를 나타낼 때 크게 3가지 단위를 사용하는데 가장 많이 사용하는 단위는 'ml(밀리리터)'다. 화장품의 부피를 나타내며 흔히 30ml, 50ml, 100ml 등으로 표기된다.

무게 개념으로는 ng(나노그램)과 μg(마이크로그램) 등이 사용된다. ng는 10억 분의 1g, μg는 100만 분의 1g을 나타낸다.

마지막으로 화장품 회사들이 제품의 효능을 홍보하기 위해 빈번하게 사용하는 단위 ppm^{Part Per Million 의 약자}과 %가 있다. 이는 농도를 나타내는 단위로 ppm은 100만 분의 1, %는 100 분의 1을 뜻한다. 즉 100만 ppm=100%이다.

화장품에 포함된 특정 성분의 ppm이 전체 용량의 몇 %를 차지하고 있는지 환산하려면 ppm을 1만으로 나누면 된다. 반대로 %를 ppm으로 환산하려면 1만을 곱해주면 된다. 따라서 6,000ppm을 함유했다는 것은 화장품 전체 용량 중 해당 성분이 차지하는 비율이 고작 0.6%라는 의미다.

일반적으로 ppm은 하천의 오염도나 독극물의 농도 등 매우 미량을 표시할 때 사용된다. 이를 화장품의 성분 함량 단위로 사용하면 소비자들은 큰 숫자에 속고 만다. 소비자들이 여러 단위를 하나의 단위로 환산하기 어렵다는 점을 알고 이를 마케팅에 이용하는 것이 아닐까?

얼마 전 화장품을 판매하는 홈쇼핑에서 프로폴리스 추출물 0.000002%, 와인 추출물 0.0009% 등의 문구를 보고, 그 정도는 공기 중에도 함유되어 있겠다며 호들갑을 떨었는데 0.02ppm이나 9ppm이라고 홍보하지 않았으니 양심적인 건가 하는 생각도 든다.

어서 일관된 용량 표기법이 마련돼 소비자들이 속지 않고 원하는 화장품을 소비할 수 있는 환경이 만들어졌으면 한다.

🕊 피부 관리에 효과적인 항산화 식품 6가지

'늙는 것은 특권이다. 모든 사람이 나이를 먹게 되는 것은 아니다'라는 격언이 있다. 별다른 사고 없이 늙어간다는 것은 사실 아무나 누릴

수 없는 행복이기도 하다. 하지만 여기서 조금만 더 욕심을 부려 '곱게' 늙을 수만 있다면 얼마나 좋을까?

노화는 유한한 삶을 살아가는 인간이 거스를 수 없는 운명이자 받아들여야 하는 자연현상이다. 하지만 노화를 늦추려는 인간의 욕구는 시간이 갈수록 커지고 있으며, 이에 따라 조금이라도 덜 늙어 보이려는 갖가지 설루션이 속출하고 있다. 아예 늙지 않을 수는 없고 늘어가는 속도를 조금 늦춰주는 것이다.

노화의 요인은 다양한데 그중 하나는 활성 산소로 인해 피부세포가 손상되면서 세포 기능이 떨어지는 것이다. 활성 산소는 전자가 홀수인 불안전한 상태이므로 주변의 다른 분자로부터 전자를 뺏어오려는 성질이 강하다. 이 과정에서 정상세포를 손상시키고 생리 기능을 저하시켜 피부 노화를 촉진한다.

항산화 성분은 피부에 바르거나 음식으로 섭취하는 방법으로 흡수할 수 있다. 효과 면에서는 바르는 것보다 음식 섭취를 통해 세포를 전체적으로 건강하게 만드는 것이 낫다. 항산화 식품을 통해 몸 안의 활성 산소를 제거함으로써 신체 전반에 걸친 노화를 조금씩 늦추는 것이다. 그렇다면 이제 우리가 일상에서 손쉽게 구할 수 있는 항산화 물질에는 어떤 것이 있는지, 어떤 식품을 통해 섭취할 수 있는지 알아보자.

_폴리페놀

폴리페놀Polyphenol은 심혈관계 질환을 줄여주며 활성산소 제거 능력이 탁월한 대표적인 항산화 물질이다. 일반적으로 과일, 채소에 많이 포함돼 있으며 구체적으로는 블루베리, 석류, 검은 쌀, 자색고구마 등이 있다. 식품을 정제하면 폴리페놀이 파괴되므로 정제된 식품이나 육류 대신 신선한 식품이나 과일로 섭취하는 것이 좋다.

_아스타크산틴

아스타크산틴Astaxanthin은 바닷가재(랍스터), 새우, 연어 등 붉은 해양생물에게서 흔히 볼 수 있는 성분으로 체내 산화 스트레스를 제거하는 능력이 탁월해 '슈퍼 비타민'으로도 불린다. 기존 항산화제인 비타민E보다 400배 높은 항산화 능력을 갖췄다.

_안토시아닌

안토시아닌Anthocyanins은 피부 노화는 물론 눈과 뇌세포 노화를 늦춰주는 성분이다. 미국 타임지 선정 10대 슈퍼 푸드 중 하나다. 블루베리, 체리, 붉은 양배추 등에 풍부하며 이 중 블루베리는 미국 타임지에서 선정한 10대 슈퍼 푸드 중 하나이기도 하다.

_아이소플라본

아이소플라본은 식물성 에스트로겐 역할을 해 '피토에스트로겐'이라고도 불린다. 콩에 풍부하게 함유돼 있으며 특히 갱년기 여성들의 급격한 노화에 대응할 수 있는 최선의 식품이다.

_베타카로틴

베타카로틴Beta carotene은 피부 방어력을 높여 외부 손상으로부터 피부를 보호한다. 당근, 파슬리, 시금치 등에 많이 함유돼 있다.

_플라보노이드

플라보노이드Flavonoid는 식품에 널리 분포하는 노란색 계통의 색소이며 산화 작용을 억제하는 기능이 강해 노화 예방에 필수적이다. 일반적으로 블루베리, 딸기, 포도, 체리 등에 많이 포함돼 있다.

'약식동원藥食同源'이라는 말이 있다. 이는 약과 음식은 근본이 같다는 말로 곧 좋은 음식은 약과 같은 효능을 낸다는 의미이다. 우스갯소리로 했던 '생긴 대로 논다'라는 표현은 '먹는 대로 논다'로 바꾸어 볼 수도 있겠다.

Fact

피부가 건강해진다는 7스킨법

'7스킨법'이라는 신조어가 뷰티 시장에 등장하면서 SNS, 1인 매체 등 다양한 채널을 통한 뜨거운 후기가 소비자들을 유혹한다. 과연 7스킨법은 피부를 건강하게 지켜주는 새로운 뷰티 상식일까? 아니면 고객을 유혹하는 마케팅에 불과할까? 먼저 7스킨법에 대해 정확히 알아보자.

7스킨법이란 기초화장의 첫 단계에서 사용하는 스킨(토너)을 화장 솜이나 손을 이용해 피부에 7번 반복적으로 바르고 흡수시키는 것을 말한다. 유명 연예인이 자신의 뷰티 비법이라고 소개하면서 유행했다. 이여세를 몰아 많은 화장품 회사가 7스킨법에 사용할 수 있는 엄청난 용량의 '짐승 토너'를 잇달아 출시했다.

하지만 이쯤에서 7스킨법을 경험해본 이들에게 묻고 싶다. 당신의 피부는 지금 안녕하신가요?

🌿 7스킨법의 효과는 가짜

스킨은 피부에 남아 있는 잔여 노폐물을 제거하고 피부결을 정돈하는 역할을 한다. 따라서 물리적(화장 솜이나 손을 이용해 7번 흡수시키는 행위)으로 수분을 흡수시켜 표피 보습력을 높이고 피부를 건강하게 해주는 것은 스킨의 역할이 아니다.

우리 몸의 70%는 수분으로 이뤄져 있다. 수분이 외부로 유출되지 않고 몸 안에서 순환될 수 있는 이유는 피부가 견고한 장벽 역할을 하기 때문이다. 다시 얘기하자면 피부장벽은 내부의 수분이 빠져나가지 못하게 할 뿐만 아니라 외부 수분이 내부에 흡수되는 것도 막는다.

7스킨법의 논리대로라면 하루 종일 물속에 있을 경우 몸이 빵빵한 마시멜로처럼 부풀어 올라야 정상 아닌가? 피부가 방어막 역할을 제대로 해야 우리 몸도 건강하게 유지되는데 수분을 7번이나 흡수시켜 피부 문제를 해결해 준다니. 황당할 따름이다.

스킨은 대부분 정제수를 기본으로 하며 에탄올, 글리세린 등을 첨가해 만든다. 간혹 정제수 대신 ○○○추출물을 함유한 프리미엄 화장품이라며 홍보하는 회사들도 적지 않은데 소비자들 입장에서 순도를 확인할 방법은 거의 없다.

우리가 주목해야 할 성분은 '에탄올'이다. 이는 우리가 흔히 알고 있는 알코올이다. 이 성분은 스킨을 발랐을 때 청량감과 산뜻함을 부여하는 반면, 강한 기화氣化력으로 수분도 함께 휘발시키면서 피부를 매우 건조하게 만든다. 이를 위치헤이즐수렴효과와 진정효과가 뛰어난 식물 성분로 대체해 사용한다는 알코올 프리 제품도 있지만 이 역시 민감한 피부에 자극을 일으키며 화학 성분을 덧바르는 행위에 지나지 않는다.

게다가 과하게 남용되는 화장 솜은 환경오염에 큰 몫을 한다. 이에 대한 경각심도 가져야 한다. 7스킨법은 스킨 사용량을 7배 늘림으로써 화장품 회사와 화장 솜 회사에 7배의 수익을 가져다주는 마케팅 수단이 아닐까?

TIP. 상한 우유로 피부 관리하기

① 상한 우유로 마무리 세안하기

저녁 세안 후 세숫물에 상한 우유를 섞어 마무리 세안을 하자. 얼굴과 목까지 꼼꼼하게 바른 다음 깨끗한 물로 한 번 헹군다. 그리고 5분 정도 자연 건조한다. 남아있는 물기는 손가락 끝으로 두드려서 흡수시키자.

② 우유 코팩으로 피지 제거하기

상한 우유에 면으로 된 화장 솜을 담근 후 전자레인지에 10~20초 정도 데운다. 데운 화장 솜을 코 주변, 턱밑, 이마 등 피지가 많은 부위에 5~10분 올려놓는다. 올려뒀던 화장 솜으로 각 부위를 가볍게 문지르며 잔여 각질과 피지를 제거한다. 피지 분비량이 많고 지저분한 피부라면 남은 상한 우유에 커피 찌꺼기를 혼합해 문지른 다음 깨끗한 물로 헹궈내면 피지 제거에 도움이 된다.

③ 각질 제거 마스크팩으로 활용하기

상한 우유에 거즈를 충분히 담가 놓은 후, 스팀 수건으로 모공을 열고 각질을 연화시킨다. 담가둔 거즈를 얼굴 전체에 밀착시키고, 그 위에 상한 우유를 덧바른 뒤 10~20분 유지한다. 사용한 거즈는 버리기 전발에 문질러 재활용하자. 발 각질 제거에 효과적이다.

④ 발꿈치·팔꿈치 각질 제거하기

발꿈치와 팔꿈치는 세세히 살피지 않으면 쉽게 지저분해지는 부위이
다. 물에 상한 우유를 풀고 발이나 팔을 푹 담가보자. TV를 보거나 책을
읽으면서 약 20~30분쯤 기다리다 보면 어느새 뽀얀 피부를 만날 수 있
을 것이다.

⑤예민한 입술 각질 안전하게 제거하기

입술은 립글로스, 립스틱, 틴트 등 특히 다양한 화장품에 노출된다. 입
술 주름은 한 번 생기면 잘 회복되지 않기 때문에 평소에 각질을 잘 정
리하고 보습을 챙기는 것이 중요하다. 상한 우유를 면 재질 화장 솜에
충분히 적신 후 입술 위에 올려놓고 5~10분간 유지한다. 화장 솜을 제
거한 뒤 면봉을 이용해 잔여 각질을 다시 한 번 정리해주면 각질 정리
는 물론 입술 보습력까지 높일 수 있다.

⑥ 천연 스크럽 만들기

상한 우유에 흑설탕을 섞은 뒤 피부에 천천히 문지르면서 묵은 각질을
제거한다. 문지를 때 지나치게 힘을 주면 피부에 자극이 되므로 주의하

자. 가볍게 원을 그리듯 문지르는 것이 중요하다. 천연 스크럽을 통해 각질 제거는 물론 마사지 효과도 얻을 수 있다.

⑦ 두피도 피부의 일부!

두피도 피부인 만큼 소중하게 다뤄야 한다. 먼저 두피를 미지근한 물로 충분히 적신 뒤 상한 우유로 두피 구석구석 마사지하듯 닦아낸다. 이후 두피를 깨끗하게 헹구고 모발 샴푸를 이용해 머리카락을 깨끗이 씻어 낸 뒤 자연 건조한다.

Fact

1일 1팩?
피부에는 방부제 폭탄!

출장 때마다 외국 친구들에게 마스크팩 좀 사다달라는 부탁을 받곤 한다. 국산 제품이 효과적이면서 상대적으로 가격도 착하기 때문이다. 마스크팩은 90년대에 부직포를 활용해 만들기 시작했으며 현재에는 코튼, 하이드로겔, 바이오셀룰로오스를 이용해 만든다.

마스크팩은 해외 수출 상품 중에서도 효자 아이템으로 자리매김하고 있는데 주름 개선 또는 미백 기능성 화장품 인증을 받으면 가격이 천정부지로 오른다.

마스크팩은 기초화장품과는 달리 기대 심리가 강하게 작용하는 화장품이다. 이를 반영하듯 언젠가부터 '1일 1팩' 열풍이 일기도 했다. 그런데 정말 1일 1팩이 피부를 건강하게 변화시킬까?

🕊️ 마케팅에 속지 말자

결론부터 말하자면 우리는 1일 1팩이라는 마케팅에 속았다. 보통 마스크팩의 원리는 시트를 피부에 붙여 외부 증발을 막고, (화장품 회사에서 그토록 열렬히 광고하는) 보습, 미백, 주름 개선 효과가 있는 기적의 성분을 피부에 흡수시키는 것이다.

하지만 마스크팩의 성분 중 대부분을 차지하는 정제수와 글리세린을 제외하면 기능성 유효 성분은 미미한 수준이다. 사실 마스크팩은 물로 만들어졌다고 해도 과언이 아니다. 피부 외곽의 각질층이 불어나기 때문에 순간적으로 피부가 촉촉해졌다고 착각하게 되는 것이다.

문제는 마스크팩의 과장된 효능만이 아니다. 마스크팩은 제품 특성상 화장품 성분과 시트가 장기간 유지되어야 하는데 이를 위해 필수적으로 방부제를 배합한다. 방부제를 사용하지 않고 제품을 만들려면 제조부터 포장까지 미생물을 차단하는 기술과 온갖 살균 방법을 동원해야 한다. 하지만 우리나라 화장품 제조 업체의 90% 이상이 생산액 10억 원 미만의 영세 회사임을 감안한다면 이를 도입하기란 불가능에 가깝다. 게다가 대량 생산한 뒤 오래 유통하는 마스크팩은 이윤 확보를 위해서라도 보관 기간을 길게 만들 수밖에 없다.

우리 피부는 약산성을 유지하며 외부의 균에 맞서 피부를 보호하는 수많은 상재균(유익균)이 서식하고 있다. 상재균의 활동이 왕성할수록 트러블 없는 건강한 피부가 유지되고, 어떤 이유에서든 상재균의 세력이 약화되면 염증이나 트러블이 생겨 노화가 촉진된다.

화장품 속 방부제는 소독약보다 훨씬 강력한 살균력을 갖추고 있다. 마스크팩을 붙이는 행위는 강한 화학제품으로 얼굴을 소독하는 것이라고 볼 수도 있다. 해로운 세균뿐 아니라 상재균까지도 거의 소멸시켜 피부 밸런스를 무너뜨리는 결과를 초래하는 것이다. 그런데 이렇게 해로운 행위를 하루에 한 번씩 하라고?

화장품 회사에서는 세균에 오염된 화장품을 바르는 것보다 방부제로 인한 피부 자극이 덜하다고 소비자들을 설득한다. 하지만 마스크팩이 꼭 필요한 기초화장품이 아니라 개인의 기호 아이템임을 감안한다면 적어도 소비자가 성분을 확인하고 사용 경과를 유추할 수 있도록 정확한 정보를 제공해야 한다.

🕊 25원짜리 홈 메이드 진정팩 만들기

1일 1팩도 하지 말라, 지나친 화장품 사용도 조심하라, 게다가 당분간 피부과나 피부 관리실도 멀리하라니. 도대체 어떻게 하라는 건지! 그래서 이번에는 화학 성분으로 인한 불안감도 낮추고, 피부에 자극적이지 않으면서 매우 저렴한 '홈 메이드 명품 진정팩'을 만드는 레시피를 공유하고자 한다.

피부 노화를 최소화하는 가장 쉬운 방법은 '기본에 충실하기'다. 태양으로부터 자극을 받으면 피부세포에 염증이 생기고, 일반적으로 피부 온도가 높아지면서 열감을 느끼게 된다. 온도가 상승할수록 피부는 탈수현상을 겪으며 노화가 급격히 진행된다. 때문에 수분을 지켜야 피부 노화를 늦출 수 있다.

이제 피부 온도를 낮춰주고 보습 효과도 챙기는 응급 진정팩을 만들어 보자.

재료는 단 2가지, 해초가루와 물이다. 해초가루는 천연화장품 재료 판매 사이트에서 쉽게 구매할 수 있으며 가격은 100g 기준 5,000원 정도다. 해초가루에는 해초산海草酸이라고 불리는 알긴산alginic酸이 다량 함유돼 있는데, 이는 부작용 없이 유해 중금속이나 방사선의 체내 흡수를 차단하는 특성이 있어 다양한 식품에 활용된다.

또한 화장품 원료로도 폭넓게 사용되고 있으며 이 중 '알긴산 칼슘'은 화상 치료 연고의 원료로 사용될 만큼 재생 능력이 탁월하다. 또 수분과 혼합하면 점성도가 높아져 부피가 수십 배 늘어나는 성질을 갖고 있어 극소량만으로 많은 결과물을 얻을 수 있는 경제적인 성분이다. 이밖에도 칼슘, 칼륨 등 미네랄이 풍부해 피부에 필요한 영양소를 공급해주고 무방부제, 무첨가, 무색소인 최고의 재료이다.

_초간단 해초팩 레시피

① 해초가루 0.5g(새끼손톱 정도)에 물 20~30ml를 넣고 잘 저어준다.

② 뚜껑을 덮거나 랩을 씌워 하루 정도 냉장 보관한다.

③ 미색의 걸쭉한 진액이 되었다면 완성!

_해초팩 사용법

① 미온수에 적신 거즈를 얼굴에 밀착시킨다.

② 붓을 이용해 눈, 코, 입을 제외한 부위에 해초팩을 도포하고 15~20분 유지한다.

③ 거즈를 떼어내고 미온수로 잔여물을 씻어낸다.

100g짜리 해초가루를 한 통 구입해 정량대로 사용한다면 약 200번

정도 사용할 수 있는 셈이다. 이를 가격으로 환산하면 1회당 단돈 25원

도 되지 않는다.

$\mathcal{F}act$

무향 화장품 VS 무향료 화장품, 화장품 향의 비밀

일반적으로 사람들의 구매욕을 일으키는 일차적 요인은 화장품 용기 모양과 향이라고 한다. 나 역시 처음 접하는 화장품을 테스트할 때는 제품을 손등에 발라보고 코로 가져가 향을 확인한다.

화장품의 성분이 제아무리 뛰어나고 용기가 고급스러워도 후각을 통해 뇌까지 전달되는 감성, 즉 향을 만족시키지 못한다면 소비자의 구매욕구를 충족시키기 어렵다. 그렇다 보니 화장품 업계에서는 천연 향료및 합성향료를 연구·개발하는 조향사까지 영입해 소비자를 만족시키고자 노력하고 있다.

화장품 향의 함량은 제품의 종류와 특성에 따라 각기 다른데 일반적으로 크림, 에멀션, 립스틱, 아이메이크업 제품에는 대략 0.05~0.5%, 헤어 제품의 경우 0.3~1.0%, 비누는 1.0~1.5%, 치약은 0.7~1.2% 정도 함유되어 있다. 함량만 보면 극히 미미한 수준에 불과하다고 생각할 수도 있다. 하지만 이것이 조금이나마 건강에 영향을 끼친다면 얘기가 달라진다.

🕊 정말 무향(無香) 맞아?

100% 천연향이 아니라면 아무리 향기로워도 잠시 기분이 좋을 뿐 몸에 해로울 수밖에 없다. 설령 천연 향료로만 배합된 화장품이 있다고 해도 향을 내는 모든 성분에는 '방향(芳香)'이라는 고유의 성질이 있기 때문에 덜 자극적이라고 안심할 수는 없다.

무향 화장품은 한자 그대로 화장품에 향이 없을 뿐이지 향을 내는 성분을 함유하지 않았다는 뜻은 아니다. 다시 말하자면 무향 화장품에는 화학 성분의 냄새를 제거하기 위해 또 다른 화학 성분이 함유돼 있다.

그렇다면 우리는 어떤 제품을 선택해야 할까? 바로 무향료(無香料) 화장품을 사용하면 된다. 말 그대로 향을 내는 향료 자체가 들어가지 않은 화장품으로 아토피나 민감 피부인 사람들이 합성향으로부터 조금이나마 자유롭게 해준다.

'순응현상지속적인 자극을 받다 보면 시간이 지나면서 충격빈도가 감소하는 것'이라는 것이 있다. 같은 냄새를 계속 맡으면 감각이 둔해지는 이 현상은 후각에도 마찬가지로 적용된다. 즉 향이 함유된 화장품을 지속적으로 사용할 경우 시간이 지날수록 보다 자극적인 향을 찾게 될 뿐 아니라 이로 인해 우리 몸이 오염될 수도 있다.

_주의해야 할 향료

화장품 성분은 함량이 많은 것부터 표기한다. 단, 1% 이하 함유된 성분, 착향제, 착색제는 순서에 상관없이 표시할 수 있다. '향료'라고 표기되기도 하는 착향제 중 알레르기 유발물질로 알려진 25종의 성분이 포함된 경우 이를 기재해야 한다. 하지만 특정 향료에 대한 알레르기가 없는 사람은 이를 간과하고 넘어가기 쉽다.

다음의 표는 식약처에서 고시한 착향제 구성 성분 중 알레르기 유발 성분 25종이다. 제품을 고를 때 참고하고 되도록 피하도록 하자.

표3. 착향제의 구성 성분 중 알레르기 유발 성분

	성분명	CAS 등록번호
1	아밀신남알	CAS No 122-40-7
2	벤질알코올	CAS No 100-51-6
3	신나밀알코올	CAS No 104-54-1
4	시트랄	CAS No 5392-40-5
5	유제놀	CAS No 97-53-0
6	하이드록시시트로넬알	CAS No 107-75-5
7	아이소유제놀	CAS No 97-54-1
8	아밀신나밀알코올	CAS No 101-85-9
9	벤질살리실레이트	CAS No 118-58-1
10	신남알	CAS No 104-55-2
11	쿠마린	CAS No 91-64-5
12	제라니올	CAS No 106-24-1
13	아니스알코올	CAS No 105-13-5
14	벤질신나메이트	CAS No 103-41-3
15	파네솔	CAS No 4602-84-0
16	부틸페닐메틸프로피오날	CAS No 80-54-6
17	리날룰	CAS No 78-70-6
18	벤질벤조에이트	CAS No 120-51-4
19	시트로넬올	CAS No 106-22-9
20	헥실신나몰	CAS No 101-86-0
21	리모넨	CAS No 5989-27-5
22	메칠2-옥티노에이트	CAS No 111-12-6
23	알파-아이소메틸아이오논	CAS No 127-51-5
24	참나무이끼추출물	CAS No 90028-68-5
25	나무이끼추출물	CAS No 90028-67-4

출처: 식품의약품안전처

Fact

효과적일수록 피부에 독이 되는
미백 화장품

달갑지만은 않은 멜라닌에 대해 알아보자. 우리 피부는 자외선을 받으면 피부를 보호하기 위한 비상사태에 돌입한다. 일단 피부가 자외선에 노출되면 뇌하수체는 멜라닌세포자극호르몬(α-MSH, β-MSH)을 분비한다. 이는 곧바로 멜라닌을 만드는 세포인 멜라노사이트^{Melanocyte}의 특정 수용체와 결합하고, 갖가지 면역반응 및 염증반응을 일으킨다.

여기서부터 3단계로 설명할 필요가 있다. 먼저 1단계에서는 멜라노사이트가 분비하는 티로시나아제^{Tyrosinase}라는 효소에 의해 멜라닌이 만들어지기 시작한다. 2단계에서는 이미 만들어진 멜라닌이 멜라노좀^{Melanosomes}의 도움을 받아 멜라노사이트의 가장 외곽으로 옮겨진다. 끝으로 3단계에서는 멜라노사이트의 외곽돌기에서 흔히 각질세포라고 불리는 케라티노사이트^{keratinocyte}의 표면으로 옮겨진다. 그리고 보기 싫은 검은 색소 자국이 된다.

미백 화장품은 3단계에 걸쳐 이뤄지는 멜라닌 발생의 중간 과정을 차단하거나 억제한다. 더 정확하게 표현하자면 미백 화장품이란 이미 형성된 색소를 제거하는 것이 아니라 색소 침착을 예방하는 화장품이다.

색소세포는 그렇다 치고, 과연 피부 건강에는 어떨까?

🕊 미백 화장품, 손바닥으로 하늘 가리기

우리 피부의 멜라닌세포는 태양의 가시광선을 흡수해 햇볕으로부터 피부를 보호하는 양산 역할을 함으로써 피부에 독성 성분이 만들어지지 못하게 한다. 멜라닌은 곧 천연 자외선 차단제인 셈이다. 그런데 미백 화장품은 체내항상성을 유지하기 위한 지극히 자연스러운 단계를 인위적으로 억누른다. 게다가 미백 억제 물질이 정확히 멜라닌만 제지한다고 확신할 수도 없다. 피부 입장에서 미백 화장품의 작용은 정상세포의 활동을 방해하고 독성을 일으키는 외부 침입자임에 틀림없다.

뿐만 아니다. 단기간에 하얀 피부를 만들어준다는 기적 같은 내용으로 홍보하며 과산화수소, 하이드로퀴논, 산화납, 수은화합물 같은 사용

금지 원료를 사용하는 화장품도 있다. 이렇게 만들어진 제품은 바르자마자 마법 같은 미백효과를 보이지만 신장과 신경계통을 손상시키는 것은 물론 독성이 체내에 축적되는 끔찍한 결과를 낳는다.

이것만으로도 모자라 온갖 레이저, 화학적 필링 등을 통해 미백에 욕심내는데 이러한 시술은 피부를 예민하고 취약한 상태로 만든다. 하얀 피부에 대한 열망이 우리 피부를 혹사시키고, 피부장벽을 무너뜨리며, 노화를 촉진시킨다. 건강하게 살아남을 것인지, 독한 화장품의 힘으로 하얀 피부를 얻을 것인지 고민해 보도록 하자.

Fact

여드름 화장품
논코메도제닉 화장품의 진실

당사자인 청소년들 입장에선 경악스러운 말일지도 모르지만 사실 어른들의 눈에 청소년들의 울긋불긋한 여드름은 꽤 사랑스러워 보인다. 여드름이 청춘의 꽃이라고 불리는 이유는 바로 왕성한 호르몬 분비의 증거이기 때문이다. 하지만 여드름 자국만큼은 지워내야 할 숙제로 남는다. 최근에는 스트레스, 환경 오염 등으로 성인여드름이 증가하는 추세다. 이제 여드름 화장품은 더 이상 청소년만을 위한 것이 아니다. 그동안 여드름 화장품을 구매하며 수없이 봐온 '논코메도제닉Non-Comedogenic' 화장품. 과연 우리는 논코메도제닉 화장품에 대해 얼마나 알고 있을까?

🕊 여드름 피부에 쓰는 화장품이 따로 있다?

일단 '코메도^{Comedo}'는 면포 또는 여드름집이라고 불리며, 모낭 안쪽에 피지가 쌓여 모낭 입구가 공기와 산화돼 까맣게 보이는 '블랙헤드'와 모공 입구가 막힌 '화이트헤드'로 나뉜다. 논코메도제닉은 여드름을 유발하지 않는 제품을 말한다. 화장품 회사에서는 '논코메도제닉 테스트 완료' 또는 '여드름 피부에 적합'이라는 문구를 내세운다. 하지만 미국 FDA에는 논코메도제닉 화장품에 대한 성분 기준이 없으며, 심지어 논코메도제닉 화장품이라는 정의도 없다. 당연히 논코메도제닉을 검증할 만한 테스트도 존재하지 않는다.

때문에 성분만으로 여드름 유발 유무를 논하기엔 무리가 있다. 각기 다른 피부에 대한 생리·화학적 이해가 필요하고, 제조 과정에서 여러 화학물질이 최종 혼합됐을 때의 결과를 예측하기 어렵기 때문이다. 즉 단일 성분을 일반화해 모든 피부에 표준화시킨다는 것은 무리일 수밖에 없다. 우리나라 식약처도 논코메도제닉 화장품을 기능성 여드름 화장품으로 정의하고 공식적으로 인정한 것이 아니라 단지 여드름 완화에 도움을 주는 인체세정용 제품류로 한정하고 있다.

이처럼 정확한 규정이나 기준이 없기 때문에 논코메도제닉 화장품을 여드름 화장품이라고 착각할 수도 있다. 그렇다면 화장품 회사에서 주장하는 논코메도제닉 화장품의 기준은 무엇일까?

🕊 논코메도제닉 화장품의 불분명한 기준

보통 화장품 회사는 '모공 막힘 가능성Comedogenicity scale'이라는 기준을 활용하는데 이는 1979년 미국의 피부과 의사인 앨버트 클리그만Albert Montgomery Kligman의 〈토끼 귀를 모델로 한 화장품 모공 막힘 성분 평가An improved rabbit ear model for assessing comedogenic substances〉라는 보고서에서 유래됐다. 이후 1989년 제임스 풀턴James Fulton은 〈화장품 성분의 모공 막힘과 자극성Comedogenicity and irritancy of commonly used ingredients in skin care product〉이라는 논문을 통해 모공을 막는 성분을 0~5단계까지 분류했다. 이것이 현재 국내 화장품 회사에서 논코메도제닉 화장품을 논하는 기준이다.

하지만 이는 어디까지나 토끼 귀에 단일 성분을 사용한 결과일 뿐 인체에 적용된 결과는 아니다. 결과적으로 공식적 인증이 없는데도 논코메도제닉이라는 문구를 붙여 판매하고 있는 것이다.

게다가 논코메도제닉 테스트 완료의 근거를 자세히 살펴보면 모공을 막지 않았음을 확인한 것이 아니라 '여드름의 기본 병변인 면포를 유발하거나 악화시키지 않음을 검증했다'는 내용이다. 모공을 막지 않았다는 기준조차 제시하지 않는다.

따라서 '논코메도제닉 테스트 완료'라는 문구는 단일 성분의 기능이 아니라 화장품 자체의 복합적인 효과를 판단하는 것이다. 여드름 화장품의 주기능이 모낭 속 피지 및 노폐물 제거와 여드름균 살균·항균이기 때문이다.

논코메도제닉 화장품이란 마케팅 용어에 불과하다. 단순한 여드름 화장품을 프리미엄 화장품으로 둔갑시키려는 의도가 아닌지 의심스럽다. 또 논코메도제닉 화장품이 단순히 모공을 막는 단일 성분을 제외했다고 해서 모든 여드름에 효과적일 것이라는 착각도 하지 말아야 한다.

🌿 청소년 화장품 구입 요령

우선 화장품을 선택할 때에는 자신의 피부 타입을 확실하게 아는 것이 가장 중요하다. 그러니 앞서 살펴본 바우먼 피부 타입 테스트를 참고해 피부 타입부터 파악하자.

_화장품 구매 전 유의할 사항

① 화장품에 표기돼 있는 함유 성분 중 알레르기를 유발하는 유해 성

분을 확인하자.

② 현재 피부 상태, 성별 등을 고려한 다음 자신에게 맞는 화장품을 선택한다(피부상태는 바우먼 테스트로 확인).

③ 화장품 구매 전 귀 뒤, 팔목 등 민감 부위에 샘플을 발라 이상 반응이 있는지 확인한다.

④ 효능은 비슷하지만 이름만 다른 제품에 속지 않도록 주의하며 이미 갖고 있는 화장품과 중복되는 것은 없는지 확인한다.

⑤ 빠른 치료 효과를 보장한다는 문구에 혹하지 않는다.

_피해야 할 여드름 유발 성분

① 아이소프로필미리스테이트Isopropyl Myristate, 아이소프로필아이소스테아레이트Isopropyl Isostearate, 아이소프로필라놀레이트Isopropyl lanolate, 아이소프로필팔미테이트Isopropyl palmitate

위 네 가지 성분은 대표적인 유연제 성분으로 화장품에 가볍고 매끄러운 질감을 부여해 발림성을 높인다. 하지만 피부 흡수가 빠르고 모공을 막아 여드름 유발 성분 중에서도 위험성이 높은 편이다.

② 라놀린Lanolin

양털에서 추출된 오일 성분으로 유화제에 많이 쓰이며 보습력이 뛰어나지만 모공을 막고 피부 호흡을 방해한다.

③ 미네랄오일 Mineral Oil

석유 정제 과정에서 만들어지는 부산물로 피부에 오일막을 형성하고 수분 증발을 차단하는 역할을 한다. 피부 호흡을 방해하고 모공을 막아 여드름을 유발한다.

④ 페트롤라툼 Petrolatum

우리가 익히 아는 바셀린의 성분이다. 미네랄오일 젤의 형태로 음식을 싸는 랩처럼 피부를 코팅한다. 미네랄오일과 마찬가지로 피부 호흡을 막아 독소 배출을 방해해 여드름과 피부 질환을 유발할 수 있다.

⑤ 미리스틸락테이트 Myristyl Lactate

피부에 보습막을 형성하고 발림성을 좋게 해 피부가 부드럽게 느껴지도록 만들지만 피부 호흡을 방해하기 때문에 피부에 자극을 주고 여드름을 유발할 수 있다.

⑥ 이밖에 주의해야 할 성분: 올레일알코올 Oleyl alcohol, 코코넛오일 Coconut Oil, 포도씨오일 Grapeseed oil, 피치커넬오일 Peach kernel oil, 스위트아몬드오일 Sweet almond oil

이들 성분은 대체로 건성 피부에 도움되는 것이 사실이지만 모공을 막을 확률이 높아 화장품 구매 시 유의하는 것이 좋다.

Fact

기능성 화장품은 있어도
기능성 아이크림은 없다

　나이 들수록 깊어지는 눈가 주름은 남녀를 불문하고 달갑지 않다. 눈가 주름은 눈을 뜨거나 감을 때 관여하는 안륜근眼輪筋, 눈둘레근의 작용으로 인해 발생하며, 눈꼬리 부분에 주름이 여러 겹 겹치는 형태로 나타난다. 또 눈 밑 주름은 피부 노화 및 수분 부족, 잦은 마찰 등에 의해 눈 밑의 탄력이 떨어지면서 발생한다.

　눈 밑 주름은 노화가 주원인이기 때문에 노화 예방과 지연이 최선이다. 특히 표정에 의해 생기는 눈가 주름은 근육을 쓰는 이상 없애기란 불가능하다. 하지만 눈가 주름 예방은 물론 주름 개선까지 가능하다고 광고하는 아이크림이 있지 않은가!

최근 '주름 개선 기능성 인증'이라는 문구로 홍보 중인 아이크림이 연일 검색어 1위를 차지하며 뜨거운 반응을 보였다. 심지어 해당 화장품을 판매하는 홈페이지에서는 '눈가 주름 개선 인체적용시험 인증 제품'이라는 문구까지 써가며 제품을 홍보했다. 쐐기를 박듯 인체적용시험보고서까지 제시해 무한 신뢰를 심어준다. 또 특화된 기술력으로 탄생한 특정 원료가 포함되어 있어 이 제품을 바르기만 해도 주름이 사라진다고 하니 소비자들이 지갑을 꺼낼 수밖에 없다. 이 마법같은 화장품의 효능은 진짜일까?

🕊️ 기능성 화장품이란?

우리나라 「화장품법」 제2조에서는 기능성 화장품을 피부 미백이나 주름 개선에 도움을 주는 제품, 자외선 차단 및 모발 개선에 도움을 주는 제품으로 규정하고 있다. 기능성 화장품으로 허가받기 위해서는 2가지 방법이 있다. 기능성 화장품 심사를 받거나 보고서를 제출해 심사받는 것이다.

아이크림의 주름 개선 기능성 인증은 기능성 화장품 심사품목 제외 보고서 제출만으로 허가받은 경우가 대부분이다. 이는 식약처가 고시한 기능성 원료를 함량 기준에 맞추면 받을 수 있다. 구체적으로 레티놀^{Retinol}, 레티닐팔미테이트^{Retinyl Palmitate}, 아데노신^{Adenosine}, 폴리에톡실레이티드레틴아마이드^{Polyethoxylated Retinamide} 등이 있다. 주름 개선 기능성 인증보고서를 살펴보면 아데노신을 함량 기준에 맞춘 제품이 대부분이다.

여기서 주목할 것은 기능성 화장품이란 얼굴 전체에 적용되는 개념이라는 것이다. 눈가만을 위한 기능성 허가는 따로 없다. 식약처가 인정한 눈가 주름 개선 기능성 화장품은 아예 존재하지 않는다.

게다가 눈가 주름 개선 기능을 홍보하기 위해 화장품 업체가 제출한 인체적용시험보고서란 식약처에서 진행한 실험이 아니라 사설 피부실험연구소에서 검증한 결과다. 심지어 보고서상으로는 효능 평가 방법도 정확하게 기술돼 있지 않고, 글씨도 지나치게 작아 이해는 물론 읽기조차 어렵다. 따라서 실험보고서에 익숙하지 않은 소비자들은 제시된 보고서를 눈으로 본 뒤에도 어떤 내용인지 알 수가 없다.

특정 성분을 강조해 홍보하는 경우도 흔히 볼 수 있는데 이 역시 함량까지 꼼꼼히 따져봐야 한다. 이들 특정 성분은 기능성 화장품 고시원료 이외의 성분이므로 함유량에 대한 별도 기준이 없다. 따라서 화장품 업체에서 함량을 임의로 조정할 수 있다.

예컨대 펩타이드가 400ppm 함유된 경우 이를 이해하기 쉬운 %단위로 표시하면 고작 0.04%에 불과하다.

눈가 주름은 어쩔 수 없는 세월의 흔적이므로 완벽히 없애는 것은 불가능하다. 다른 피부와 마찬가지로 적절한 보습 환경을 만들어 건조하지 않게 관리하는 것이 최선이다.

Fact

화장품으로 '겉기미'와 '속기미'를 없앤다?

겨울이면 감쪽같이 사라졌다가 봄이 되면 슬그머니 올라오는 지긋지긋한 기미. 혹한을 이겨내고 받는 봄날 자외선은 피부에 최악일 수밖에 없다. 겨울에는 공기 중에 수분이 많아 지표면에 도달하는 자외선의 양이 적지만 3월부터는 태양의 고도가 높아지면서 지표면에 내리쬐는 양이 급증한다. 따라서 봄에는 자외선으로 인한 색소 침착을 예방하기 위해 다양한 미백 화장품이 출시된다.

최근 화장품 업계는 홈쇼핑, 온라인 쇼핑몰, 유명 블로거·유튜버 등을 동원해 '겉기미'와 '속기미'라는 단어를 등장시켰다. 이들은 사진을 통해 피부 표면과 이면의 색소 분포 상태를 적나라하게 보여준다. 사진을 보면 당장이라도 화장품을 구매해야 할 것 같은 공포심마저 일으킨다. 그런데 단순히 화장품만 사용해 겉기미와 속기미를 없애는 게 가능한 일일까?

🌿 겉기미, 속기미

사실 겉기미와 속기미라는 말은 존재하지 않는다. 기미를 정확히 표현하자면 색소가 발생하는 피부층에 따라 표피형 기미$^{Epidermal\ Melasma}$, 진피형 기미$^{Dermal\ Melasma}$, 혼합형 기미$^{Mixed\ Melasma}$로 나뉜다.

표피형 기미의 경우 일반적으로 갈색을 띠며 멜라닌세포가 표피의 기저층과 기저층 상부 전반에 분포한다. 진피형 기미는 청회색을 띠고 진피층에 분포하며 특히 혈관 주위에 색소 침착 형태로 발견된다. 혼합형 기미는 표피형과 진피형 기미가 혼합된 형태로 우리나라 사람들에게 많이 발견되는 유형이다.

기미는 과색소 침착의 한 종류로 표피의 기저층의 멜라노사이트가 멜라닌을 형성해 발생한다. 대부분 여성에게 발생하는데 유전적 영향, 자외선 노출, 임신과 호르몬 변화 등이 원인으로 알려져 있다.

기미 치료에는 국소 도포 미백제제인 하이드로퀴논복합제를 사용하거나 레이저, 복용약, 박피 등 복합치료방식이 적용된다. 특히 진피형 기미의 경우 재발률이 높고 치료율은 낮은 편이라 더욱 신중하게 치료해야 한다. 기미 아래에 있는 혈관 문제를 배제할 수 없기 때문이다. 이처럼 기미는 정확한 진단과 치료가 필요한 피부질환이다. 화장품으로 해결할 수 있는 영역이 아니다.

🕊 기미 고민, 화장품으로 해결할 수 없다

방송과 광고에서 설명하는 바에 따르면 겉기미는 표피에 존재하는 표피형 기미에 가깝고, 속기미는 진피형 기미에 가까운 듯하다. 하지만 화장품에 '기미'라는 단어를 사용할 경우 「화장품법」 제13조에 의해 의약품으로 잘못 인식될 우려가 있어 신중하게 사용해야 한다. 또 속기미에 효과적이라는 문구는 화장품이 진피에 작용한다는 뜻으로 해석될 수 있어 「화장품법」의 '인체에 대한 작용이 경미한 것'이라는 정의에 위반된다. 따라서 화장품의 범위를 벗어난 광고다.

그럼에도 불구하고 '이중 기미 개선 효능 평가시험'을 통해 안면부 피부색소 침착과 각질 하층부 멜라닌 개선에 도움을 줄 수 있다는 제품을 종종 볼 수 있다. '이중 기미'라는 정체불명의 용어는 안면부 색소 침착에 붙인 겉기미라는 용어와 각질 하층부 멜라닌에 붙인 속기미라는 용어를 하나로 만든 것이다. 겉기미는 차치하고 '각질 하층부'라는 경계 없는 표현은 멜라닌의 어떤 부분을 설명하는 것인가? 이 제품이 의약품이 아닌 화장품이라면 각질 하층부는 표피층을 지칭하는 것일 터. 그렇다면 이중 기미, 즉 겉기미와 속기미란 표피층의 기미만을 의미한다. 기미 문제를 전부 해결해 준다는 뜻이 아니다.

이처럼 모호한 용어로 소비자를 혼란스럽게 하고 치료·개선 효과가 있는 것처럼 속이는 마케팅이 판을 친다. 일반적으로 화장품 사용 후 얼굴이 환해지고 촉촉하다고 느끼는 것은 틴들Tyndall 효과다. 피부각질층이 화장품의 수분을 머금고 있어 착각이 들 뿐이다. 기미를 없앤 것이 아니라 일시적인 효과다.

Fact

유아용 화장품 쓰면
예민한 피부가 나아질까?

지인 중 자신의 피부가 어린아이처럼 매우 약하고 예민하다며 유아용 화장품만 고집하는 분이 있다. 이처럼 유아용 화장품을 사용하면 본인의 피부 문제가 더는 악화되지 않을 거라 믿는 사람들이 있다. 유아용 화장품이 피부건강에 정말 도움이 될까?

🌿 예민한 피부≠아기 피부

일반적으로 만 6세 전후를 유아, 만 18세 이상을 성인이라고 한다. 유아와 성인의 피부는 생리학적으로 큰 차이가 있다. 유아의 피부는 얇고 각질화가 덜 됐으며 피부층 수분 함유량이 약 69.4% 정도다. 특히 각질층의 수분 함유량이 적어 피부가 건조해지기 쉽고, 외부 자극에도 취약해 성인에 비해 피부 손상도가 크다. 생후 3개월부터 사춘기까지는 피지량이 성인의 약 1/3 수준이기 때문에 세균 감염에 취약하고 피부 보호막 기능이 떨어진다. 피부장벽이 약해 쉽게 건조해지고 거칠어진다.

성인과 유아 간 땀샘 개수는 별로 차이나지 않지만 유아의 신체표면적이 성인보다 작다 보니 단위 면적당 땀샘 수가 훨씬 많다. 따라서 표면적당 땀 배출량이 많아 처음에는 피부 표면이 산성을 띠지만 시간이 지나면서 알칼리성을 띠게 돼 세균 침투가 쉬워진다. 이처럼 유아 피부는 성인에 비해 외부 감수성^{편집자 주-외부 세균이나 바이러스에 반응해 감염될 수 있는 성질}과 잠재적 독성 노출 위험이 크다.

일반적으로 생후 1개월령의 피부 표면 pH는 5~6정도이고, 유아기부터 조금씩 낮아진다. 따라서 유아용 화장품은 위에서 밝힌 생리학적 피부 구조와 일시적 변화에 대응할 수 있도록 피부를 보호하는 성분으로 만들어진다.

반면 성인의 피부층 수분 함유량은 약 64%로 유아에 비해 적지만 각질층의 수분 함유량은 많다. 하지만 노화가 진행될수록 호르몬 변화와 수분 함유량 감소로 인해 잔주름이 늘고 탄력은 떨어진다. 피지량도 성호르몬의 영향으로 사춘기 때 폭발적으로 늘어나다가 여성은 25세, 남성은 35세를 기준으로 점차 감소한다. pH는 약 4.2~5.6 정도를 유지하지만 노화가 진행되면서 점차 알칼리성을 띠게 된다.

이처럼 유아와 성인 피부에는 생리학적인 차이가 있기 때문에 각각에 맞는 화장품을 선택하는 것이 좋다. 유아는 피부장벽이 약하고 수분 증발이 많아 피부 보호막을 형성하는 화장품을 선택해야 한다. 또 외부 세균에 취약하기 때문에 미생물 번식을 막아주는 화장품인지 확인해야 한다. 이와 함께 자극을 일으킬 수 있는 유해 성분을 최대한 배제해야 하는데, 특히 향, 색소, 알코올 성분을 꼭 살펴봐야 한다.

성인의 경우 개인차가 많으니 자신의 피부 타입을 정확히 파악하고 계절에 따라 제품을 선택하는 것이 좋다. 기능성 성분을 추가하고자 한다면 주름, 미백, 탄력 중 하나를 고려하자. 여기에 외부 저항성을 길러주기 위해 항산화 성분이 들어간 제품을 선택한다면 조금이나마 도움이 될 것이다.

TIP. 화장대 긴급 점검

지금 화장대와 파우치에 있는 화장품을 체크해 보자. 같은 기능성 제품을 여러 개 사용하고 있지는 않은지, 유통 기한은 얼마나 남았는지, 재활용할 때는 어떻게 분류해야 할지 한눈에 확인하고 현명한 소비자가 되기 위해 노력하자.

◆ 바우먼 피부 타입 테스트 결과는?

◆ 나에게 필요한 기능은 무엇인가?

◆ 화장품을 구매할 때 가장 중요하게 생각하는 것은 무엇인가?

제품명	카테고리	주요 기능	유통 기한	구매일자	용기 소재

Fact

3장

화장품과
사회문제

Fact

다 쓴 화장품 용기,
어떻게 버리지?

하나뿐인 지구를 위해 화장품 용기 분리수거 방법에 대해 알아보자. 일반적인 분리 배출 방법은 크게 플라스틱, 비닐, 발포 스타이렌 수지 (일명 스티로폼), 유리병으로 분리되는데 이 중 재활용 쓰레기는 내용물을 깨끗이 비우고 물로 여러 번 헹궈서 분리 배출해야 한다.

🌿 다 쓴 화장품 용기 분리 배출하는 방법

_플라스틱 용기

플라스틱은 재활용 가능하며 모든 화장품 용기 뒤에 재질이 표시돼 있다. 플라스틱으로 분리 배출해야 하는 종류에는 합성수지류(PET,

PVC, PE, PP, PS, PSP) 용기와 포장재, 기타 플라스틱류, 일회용 봉투 등이 있다.

재활용을 위해서는 우선 남아 있는 내용물을 깨끗이 세척해

그림5. 분리 배출 마크 예시

야 한다. 나무나 금속 등 다른 물질로 구성된 뚜껑과 라벨은 제거한 후 압착해 배출한다. 튜브형 용기는 중간 부분을 잘라 남아 있는 내용물을 깔끔하게 제거한 뒤 배출한다. 재활용 표시가 있는 비닐류는 따로 모아 배출하는데 재활용 표시가 없는 비닐류는 일반 쓰레기로 배출한다.

_유리병 용기

유리병은 크게 재사용과 재활용으로 나뉜다. 음료병이나 주류병 등 재사용 대상은 뚜껑을 제거한 뒤, 내용물을 비우고 깨끗이 씻어 소매점에서 환불받거나 재활용품을 버리는 곳에 내놓으면 된다. 하지만 화장품 용기는 재활용 대상이기 때문에 남은 내용물을 버리고 물로 깨끗이 씻어 분리 배출한다.

_금속 용기

알루미늄, 철 등의 금속 용기는 내용물을 비우고 최대한 압착해 버린다. 미스트, 쉐이빙 폼, 스프레이 용기 등이 여기에 속하며 용기 겉면에 구멍을 내 남아 있는 가스를 완전히 빼낸 뒤 분리 배출해야 한다.

_종이 용기

종이류는 크게 신문지, 박스류, 일반인쇄용지 및 전단지, 종이컵류로 분리된다. 우선 내용물을 깨끗이 비운 후 일반 폐지와 섞이지 않게 압착해 배출한다. 또 화장품 포장상자를 버릴 때에는 테이프나 고정핀을 제거한 뒤 운반하기 쉽게 펴 분리 배출한다.

_혼합 용기

용기가 여러 가지 재질로 혼합돼 있는 경우도 있다. 예를 들면 에센스의 경우 유리병 또는 플라스틱병에 스포이드가 붙어있는 경우가 많은데 스포이드 부분은 유리로 분류하고, 나머지는 재질에 따라 분리해 배출해야 한다.

🌿 다 쓴 화장품 용기 재활용 꿀팁 7가지

화장품 한 통을 다 쓰기까지 짧게는 3개월에서 길게는 1년 이상 걸린다. 버려지는 화장품 용기와 소품은 지구를 쓰레기더미로 만드는 요인 중 하나다. 환경오염을 조금이라도 줄이기 위해 화장품 용기 재활용 꿀팁을 공유하고자 한다.

_수명 다한 퍼프는 세면대 청소용품으로

자외선 차단제와 메이크업 베이스 등 화장품을 꼼꼼히 펴 바를 때 사용하는 퍼프^{Puff}는 수명을 다하면 그냥 버려진다. 하지만 퍼프는 지저분한 세면대를 닦기에 안성맞춤이다. 퍼프에 클렌징 폼을 소량 묻힌 후 닦아내면 된다.

_마스카라 솔은 핸드백 청소 도구로

다 쓴 마스카라는 고민 없이 쓰레기통에 직행하곤 하는데 마스카라 솔은 지저분해진 핸드백을 닦는 데 활용할 수 있다. 마스카라 솔을 깨끗이 세척한 후 오랫동안 쌓인 먼지와 녹슨 부자재 등을 구석구석 청소해 보자!

_플라스틱 단지는 각질 제거 용기로

일반적으로 크림은 단지 모양 플라스틱 혹은 유리 용기에 보관하는 경우가 많다. 다 쓴 플라스틱 단지는 재활용할 때 꿀단지가 된다. 오래된 화장품에 흑설탕을 섞은 뒤 보관했다가 팔꿈치나 발꿈치 각질 제거제로 사용해보자. 버리는 화장품은 물론 용기까지 알뜰하게 재활용할 수 있다.

_유리 단지는 리무버 보관 용기로

아이섀도, 마스카라, 아이라이너 등 아이 메이크업은 리무버로 따로 닦아내야 한다. 화장 솜에 메이크업 리무버를 적신 후 다 쓴 유리 단지에 차곡차곡 쌓아두자. 바쁠 때 하나씩 꺼내 쓰면 시간을 절약할 수 있다.

_립스틱 용기는 실핀 보관 용기로

립스틱을 다 쓰면 내용물을 모두 제거한 후 잃어버리기 쉬운 실핀 보관 용기로 재활용하자. 부피가 작아 휴대하기에도 간편하다.

_펌프 용기는 여행 시 목욕용품 용기로

해외여행 시 필수품인 샴푸, 린스, 바디 클렌저 등은 일회용 제품을 사용하기 쉽다. 하지만 장기간 체류하게 되면 가져온 목욕용품을 다 써 현지에서 새로 구매하게 되는 경우가 있다. 이렇게 새로 산 제품은 다 쓰지도 못하고 버리는 일이 많으니 더욱 아쉬울 따름이다. 다 쓴 펌프 용기에 샴푸, 린스 등을 보관해 짐은 물론 일회용품과 플라스틱 소비도 줄여보자.

_미스트 용기는 탈취제로

스프레이로 분사되는 미스트 용기와 유통 기한이 지난 스킨, 향수가 만나면 그야말로 가성비 좋은 탈취제가 탄생한다. 화장실 악취 제거에 그만이다.

$\mathcal{F}act$

일본을 충격에 빠트린
계면활성제 살인

2016년 가을 일본 요코하마에 있는 요양병원의 수간호사가 무려 40 여 명이 넘는 사람을 살해하는 사건이 일어났다. 부검 결과 사망한 이들에게서 살균 효과가 강한 계면활성제 성분이 검출됐다.

🌱 도대체 계면활성제가 뭔데?

계면활성제는 하나의 분자 내에 물에 잘 녹는 '친수성'과 기름에 녹기 쉬운 '친유성'을 동시에 가진 화합물이다. 계면界面은 말 그대로 '경계를 이루는 면'이라는 뜻인데 기체와 액체, 액체와 액체, 액체와 고체가 서로 맞닿는 면을 가리킨다. 계면활성제는 물과 기름의 경계면에 달라붙어 표면장력을 약화시키면서 성질을 변화시키는 역할을 한다. 분리돼 있는 두 물질을 섞이게 하거나 경계면에 흡착되는 것을 용이하게 한다.

계면활성제는 천연 계면활성제와 석유에서 만들어진 합성 계면활성제로 나뉘며, 주로 화학약품을 섞거나 피부에 있는 노폐물을 제거하는 데 쓰인다. 화장품을 비롯한 생활용품 제조에 거의 필수적으로 사용된다.

합성 계면활성제는 특징과 종류가 매우 다양하지만 간단히 '세정제'와 '유화제'라고 이해하면 된다. 특히 화장품은 수용성 성분과 지용성 성분을 적절하게 배합해야 하기 때문에 필수적으로 두 성분을 유화시켜야 한다. 이 과정을 거쳐 크림, 로션 등이 만들어진다. 또 오염물질(기름)과 표면장력을 약화시켜 서로 분리시키는 성질을 이용해 세정제를 만든다. 이처럼 일상생활에서 밀접하게 사용되는 합성 계면활성제는 과연 우리 피부에 어떤 영향을 미칠까?

계면활성제가 미치는 영향

먼저 강한 세정력과 유화력으로 피부장벽을 파괴한다. 피부장벽은 피지막과 각질층으로 이뤄졌으며, 외부의 물리적·화학적 공격에 맞서 방어막 역할을 하고, 피부 내 수분을 유지함으로써 항상성을 유지하는 기관이다. 각질층은 크게 각질세포와 세포간지질로 나뉜다. 각질세포의 수용성 보습 성분(아미노산 등)과 각질 사이를 메우고 있는 세포간지질의 지용성 보습 성분(세라마이드 중심)으로 이뤄진 구조다.

하지만 합성 계면활성제를 활용한 제품은 강력한 세정력과 침투력으로 수용성 보습 성분은 물론 지용성인 세포간지질도 간단히 녹여내 균형을 무너뜨린다. 계면활성제는 단단한 각질층을 파고들어 보호막을 파괴하고, 촘촘한 구조를 무너뜨려 피부 속 수분 증발을 촉진시키고 피부를 건조하게 만든다. 게다가 피부장벽이 무너진 틈을 타 화장품에 포함된 향료, 화학첨가물, 색소 등이 피부 속으로 침투해 피부 노화를 촉진시킨다. 이 때문에 아무리 비싼 보습크림을 발라도 건조함이 해소되지 않는 것이다. 제아무리 유명한 화장품이라고 해도 합성 계면활성제를 포함하고 있다면 피부 입장에서는 불순물에 지나지 않는다.

계면활성제는 종류도 많고 사용 범위도 넓다. 앞서 말한 요코하마 계면활성제 살인 사건에서 쓰인 것은 의료 현장에서 소독제, 세정제 등으로 사용되는 용도인데 이를 인체에 주입해 세포막을 파괴하고 다발성 장기부전으로 사망에 이르게 한 것이다.

🕊️ 계면활성제로부터 피부 건강 지키는 법

계면활성제를 아예 피하기란 어렵다. 그러니 이번에는 합성 계면활성제의 위험을 최소화하면서 피부를 건강하게 지키는 방법에 대해 알아보자.

_계면활성제 성분 피하기

먼저 유해성이 높고 일상에서 자주 접하게 되는 합성 계면활성제를 미리 파악하고 멀리하는 생활 속 습관을 들이는 것이 가장 중요하다. 화장품 성분표에서 확인할 수 있는 계면 확성제 성분은 다음과 같다.

세정제에 사용되는 대표적인 성분은 소듐라우릴설페이트, 소듐라우레스설페이트, 암모늄라우릴설페이트$^{Ammonium\ lauryl\ sulfate:\ ALS}$, 암모늄라우레스설페이트$^{Ammonium\ laureth\ sulfate:\ ALES}$다. 공통적으로 '○○설페이트(sulfate)'라는 단어가 포함되어 있다.

유화제에 사용되는 성분으로는 폴리에틸렌글리콜이 있는데 흔히 '피이지'라고 불리며 PEG-숫자-종류로 표기된다. 예를 들면 'PEG-60하이드로제네이티드캐스터오일', 'PEG-80솔비탄라우레이트', 'PEG-100캐스터오일' 등이다.

두 번째로는 천연 계면활성제 사용이다. '생生계면활성제'라고도 불리며 자연에서 얻을 수 있는 순수한 계면활성제를 말한다. 콩에서 얻어지는 레시틴Lecithin, 인삼과 도라지에서 얻을 수 있는 사포닌Saponins을 들 수 있다. 천연 계면활성제는 기포를 발생시키는 능력이 있어 거품이 풍부하고 안전한 반면 침투력이 떨어진다는 단점이 있다.

_천연 유래 계면활성제 제품 사용하기

세 번째는 비록 합성이기는 하지만 비교적 유해성이 낮은 천연 유래 계면활성제 함유 제품을 사용하는 것이다. 이는 자연에서 얻어지는 천연 원료에 무해한 공정을 거쳐 만들어진 것으로 식물성 과당, 야자나무 지방산 등을 축합해 만든 글루코사이드Glucoside 계열과 코코넛오일, 사과, 전분 등 지방산에서 얻은 아미노산Amino acid 계열로 나뉜다.

구체적으로는 데실글루코사이드Decyl Glucoside, 라우릴글루코사이드Lauryl Glucoside, 카프릴글루코사이드Capryl Glucoside, 코코글루코사이드Coco Glucoside 등 글루코사이드 계면활성제와 소듐코코일애플아미노산Sodium Cocoyl Apple Amino Acids, 소듐코코일글루타메이트Sodium Cocoyl Glutamate,

포타슘코코일글리시네이트*Potassium Cocoyl Glycinate* 등의 아미노산 계면활성제가 있다. 천연 유래 계면활성제는 합성 계면활성제보다 거품은 덜 발생하지만 친환경이기 때문에 상대적으로 안심하고 사용할 수 있다는 장점이 있다.

_노푸 실천하기

네 번째는 노푸*No poo: No shampoo*를 실천하는 것이다. 노푸에는 아예 물만 사용해 머리를 감는 방법과 베이킹 소다, 식초 등의 천연 재료를 이용해 샴푸하는 방법이 있다. 베이킹 소다와 식초가 불순물을 중화시켜 먼지와 기름때를 제거하며 세균 수를 줄인다는 점에 착안한 것이다.

하지만 지성 두피에 노푸를 지속할 경우 탈모, 비듬, 두피 염증을 유발할 우려가 있다. 그러니 두피 타입에 따라 샴푸 방법을 선택하고 무엇보다 머리를 잘 말리는 것이 중요하다.

_물로만 세안하기

다섯 번째는 아침에 클렌징 제품을 사용하지 않고 물로만 세안하는 것이다. 물 세안을 통해 자는 동안 형성된 천연 피지막을 보호할 수 있고 계면활성제 사용으로 인한 피부 노화 또한 막을 수 있다.

여섯 번째는 세정제를 적게 사용하되 붓, 해면, 샤워볼 등을 이용해 풍성한 거품을 만들어 피부 자극을 최소한으로 줄이는 방법이다.

일부 화장품 업계는 식약처의 권고 기준에 따르기 때문에 화학 성분으로 인한 부작용은 걱정하지 않아도 된다고 주장한다. 하지만 계면활성제는 샴푸, 치약, 클렌징, 바디 클렌저, 세제 등 일상의 매 순간 사용되고 있어 체내에 장기간 누적되었을 때 생기는 피해를 결코 무시할 수 없다. 게다가 미량의 천연 유래 계면활성제와 다량의 합성 계면활성제를 섞어서 판매하면서 마치 천연 화장품인 듯 과대광고하는 경우도 많으니 꼭 성분을 꼼꼼히 살펴보는 현명한 소비자가 되기 바란다.

$\mathcal{F}act$

피부과 화장품이
특별하다고?

화장품 시장에 혜성처럼 나타나 가파른 상승세를 타고 있는 코스메슈티컬^{Cosmeceutical}은 'Cosmetic(화장품)'과 'Pharmaceutical(약학적인)'이 합쳐진 합성어로 피부과 의사가 만든 화장품이라는 이미지를 강조해 피부과를 중심으로 온라인 시장까지 영역을 확장하고 있다. 당장 포털사이트에 '병원용 화장품' 또는 '피부과 화장품'만 검색해도 전문 쇼핑몰부터 제품 관련 기사, 체험단 후기, 카페 Q&A, 리뷰 동영상에 이르기까지 수많은 정보를 얻을 수 있다. 그만큼 소비가 활발히 이루어지는 제품이다.

코스메슈티컬 제품 홍보에는 유명 의사들이 오랜 임상경험을 토대로 연구 및 개발했다는 문구가 빠지지 않고 등장한다. 이쯤 되면 궁금증이 생긴다. 정말 의사들이 화장품 연구개발에 참여했을까? 코스메슈티컬 제품과 일반 화장품은 무엇이 얼마나 다를까?

🌿 의사들이 만든 화장품?

사실 의사가 직접 화장품 연구개발에 참여했는지 확인할 방법은 없다. 게다가 무엇을 '참여'라고 할 수 있는지 판단 기준도 명확하지 않다. 하지만 확실한 점은 유명 의사가 화장품 연구개발에 참여했다고 해서 반드시 좋은 화장품이라고 단언할 수는 없다는 것이다. 이는 코스메슈티컬 제품의 성분과 일반 화장품의 성분이 크게 다르지 않다는 점에서 명백히 확인할 수 있다.

코스메슈티컬 제품은 일반 정제수를 기본으로 세라마이드, 하이알루로닉애씨드^{Hyaluronic Acid: 편집자 주-흔히 히알루론산이라고 부른다}, 글리세린 등을 함유한 보습 제품이 주를 이루고 있다. 여기에 나이아신아마이드^{Niacinamide}, 아스코빌글루코사이드^{Ascorbyl Glucoside} 등 식약처에서 고시한 미백 인증 성분을 일정량 함유하면 미백 기능성 화장품으로 인정받아 프리미엄 제품이 된다.

이들은 코스메슈티컬 제품을 브랜딩하기 위한 전략으로 병원을 통해서만 구입할 수 있게 만들어 제품의 희소성과 전문성을 극대화시켰다. 소비자의 심리를 파고들어 '피부과 화장품은 특별하다'고 믿게 하는 것이다. 하지만 일정 기간이 지나면 일반 소비자도 온라인을 통해 손쉽게 구매할 수 있도록 판로를 확장한다. 결국 유통 방법으로 병원을 선택했을 뿐 별다를 게 없다고 볼 수 있다.

Fact

실버 화장품에 대한 단상

몇 해 전 돌아가신 어머니는 딸들이 싫증나서 방치해 놓은 화장품을 아깝다며 기어코 끝까지 바르시는가 하면 외판원에게 받은 샘플을 거의 평생 쓰기도 하셨다. 어머니에게 선크림을 꼭 발라야 하는 이유까지 생각하는 것은 사치였다.

이렇게 노인들은 스스로를 꾸미는 화장품과 거리가 멀어지곤 한다. 하지만 이제는 세상이 바뀌었다. 2019년 통계청의 〈2017~2067년 장래인구추계〉에 따르면 2025년에는 65세 이상 노인 인구가 1,051만 명에 다다를 것으로 예상된다. 그야말로 '노인 인구 천만 시대'가 도래한 것이다.

화장품 회사들은 실버 화장품에 대해 어떤 고민을 하고 있을까? 지금까지 국내 실버 화장품시장의 발전이 미미했던 이유는 노인은 경제적 소비를 하지 않을 것이라는 지레짐작 때문이었다. 하지만 고령화가 일찍 시작된 일본의 경우 60대 이상을 겨냥한 실버 화장품이 큰 인기를 끌고 있다. 경제력을 갖춘 노인 소비자를 뜻하는 '액티브시니어active senior'가 화장품 산업의 큰손이 된 것이다. 우리나라 역시 2011년과 2015년 화장품점에서 이용한 금액을 비교한 결과, 60대 이상 남성의 화장품 구매율은 72.8%, 여성은 100.3% 급증한 것으로 나타났다.

이러한 결과는 노인들의 실버 화장품에 대한 기대와 관심이 예상보다 높다는 사실을 의미한다. 더 늦기 전에 실버 화장품시장을 확장하고 노인들의 니즈에 부합하는 제품을 만들 필요가 있다. 그렇다면 실버 화장품은 어떻게 만들어져야 할까?

🕊 기능성보다 피부 보호 기능이 우선

일반적으로 노인들이 호소하는 불편함은 건조함, 주름(탄력 저하), 검버섯과 같은 색소 침착 3가지로 정리된다. 따라서 수분 공급을 기본으로 하며 노화 예방과 항산화 기능이 더해진 다기능성 화장품 개발에 나서야 한다. 지나치게 기능성을 강조하기보다는 피부 건조 예방과 외부 유해환경으로부터 피부를 보호하는 기능을 우선시해야 하며, 안전성을 강화해야 한다. 기능적인 면뿐만 아니라 스틱 형태의 컨실러 등을 개발해 외형상의 아름다움을 유지하고자 하는 니즈도 충족하는 것이 좋다.

또 노인들이 사용하는 데에 불편이 없도록 간편성을 확보해야 한다. 토너, 에센스, 크림 기능을 하나로 해결할 수 있는 올인원 제품을 활용해 번거로움을 줄이는 것도 좋은 방법이다. 기초화장 후 마무리 단계에서 선크림을 사용하도록 교육해 노화의 가장 큰 주범인 자외선 노출을 최소화하는 것도 중요하다. 뿐만 아니라 제품명과 설명서에 큰 글씨를 사용하는 세심한 배려가 필요하다.

흔히 '노인 냄새'라고 불리는 체취 문제 해결에도 공 들일 필요가 있다. 이는 노네날Nonenal 이라는 성분 때문이며, 생활습관과 성인병, 신진대사 저하 등으로 면역 기능이 떨어져 발생한다. 이를 예방하기 위해서는 세안 및 샤워 시 비교적 덜 해로운 천연향 첨가 세정 제품을 선택하고 건강한 생활을 해야 한다.

끝으로 노인들은 호르몬 분비량이 급격히 떨어진 상태이기 때문에 바르는 화장품 외에도 호르몬 분비에 도움을 줄 수 있는 건강 식품을 섭취함으로써 안팎을 함께 다스려야 한다. 특히 여성은 완경 이후부터 체취 발생이 증가하기 때문에 여성호르몬 분비를 돕는 식품을 섭취하는 것이 좋다.

누구나 나이를 먹기 마련이다. 어차피 나이 드는 것, 기왕이면 건강하게 나이 들기를 꿈꿔본다.

Fact

아토피를 기능성 화장품으로
해결한다고?

얼마 전 아이의 피부질환이 염려돼 피부과를 찾았다. 과잉진료를 하지 않는다고 소문이 자자한 의사라 내심 기대하며 찾아갔다. 이곳은 진료실 문을 활짝 열어놓는데 의사 목소리가 어찌나 쩌렁쩌렁한지 대기실까지 대화 내용이 가감 없이 들렸다. 연세 지긋한 할머니 한 분이 세안만 하면 피부가 따갑고 간지러워 참을 수가 없다며 센 약을 요구하자 말하자 의사는 이렇게 말했다.

"어르신, 지금까지 쓰던 화장품과 샴푸, 모두 사용 중단하고 물 세안만 하세요. 아니면 가볍게 비누만 쓰세요. 그렇게 해보시고 일주일 후에도 계속 불편하면 다시 오세요."

🕊 피부병은 의사에게

온도차가 큰 환절기가 되면 아토피 환자들은 건조증과 참기 힘든 가려움증 때문에 더욱 괴로워진다. 건강보험심사평가원 통계자료에 따르면 아토피성 피부염으로 병원 진료를 받은 환자는 93만 3,979명으로 집계됐다(2017년 기준). 2016년 기준 0~9세의 소아아토피가 41.4%, 10대 18.6%, 20대 12.5%로 나타났으며, 여성이 남성보다 많았다. 매년 증가하는 피부질환이라는 사실을 반영하듯 2017년 식약처는 기능성 화장품 11종의 인정 범위를 '피부에 보습을 주는 등 아토피 피부의 건조함 개선 목적'까지 확대했다. 소비자의 선택폭을 넓힌다는 취지에서다.

아토피의 어원은 그리스어 '알 수 없는', '기묘한', '이상한'이라는 뜻의 아토포스Atophos다. 엄밀히 말하자면 아토피 피부염은 원인을 정확히 밝혀내지 못한 '알 수 없는' 피부질환인 것이다. 과연 기능성 화장품이 의학적으로도 원인이 정확히 밝혀지지 않은 아토피 피부 개선의 대안이 될 수 있을까?

아토피성 피부의 특징은 각질층의 수분 함량이 낮고 표피를 통한 수분 손실이 크다는 것이다. 또 피지 분비량이 낮으며 세포간지질 중 세라마이드 함량이 낮다. 이러한 피부 환경으로 인해 피부가 손상됐을 때 치유 속도가 느려 아토피가 재발되는 악순환을 겪는다.

물론 아토피 피부염 예방과 증상 완화에 보습이 매우 중요하다는 사실에는 변함이 없다. 하지만 더욱 중요한 것은 피부의 자연치유력을 올려 생리기능을 회복시키는 것이다. 이를 위한 가장 좋은 방법은 천연 보습인자인 피지를 늘려 촉촉한 피부 상태를 만드는 것이다.

화장품은 기본에 충실해야 한다. 기본에 집중해야 할 화장품이 아토피 피부를 위한 프리미엄 화장품으로 포장되는 것은 아닐까하는 걱정이 든다. 의료기관에서도 확실한 아토피 치료 대안이 없는 상황에서 화장품에 아토피라는 질병명을 사용하는 것이 정말 합당할까? 결국 기능성 화장품이라는 미명 아래 아토피 환자들의 기대감만 상승시키는 것은 아닐까. 이쯤 되면 우리 동네 의사선생님의 치료법이야말로 진짜 설루션임에 틀림없다.

Fact

이중세안 필요 없다는 클렌징 티슈, 그럼 환경은?

올여름 변기에서 오물이 역류해 큰 곤란을 겪었다. 기술자를 부른 다음에야 그 원인을 알 수 있었다. 아이들이 물티슈를 일반 휴지로 혼동해 변기에 마구 버린 결과였다. 하수구에서 끊임없이 나오는 물티슈를 보니 한숨이 절로 나왔다. 그날 이후 우리 집에서 물티슈는 영원히 아웃됐다.

🌱 화장실 변기를 막는 원흉 물티슈

아이를 키워본 사람들이라면 물티슈의 편리함에 공감할 수밖에 없다. 하루에도 수십 번 기저귀를 갈아야 하는 부모들에게 물티슈는 그야말로 '신이 주신 물건'이다.

물티슈는 비단 육아뿐 아니라 동네 식당에서 손 닦는 용도로, 주유소의 사은품으로, 심지어 길거리 판촉물로도 두루두루 사용된다. 이름도 얼마나 그럴싸한지 '물티슈'라고 하니 꼭 티슈를 물에 적신 친환경 제품 같다. 하지만 물티슈에 포함된 유해물질이 사회적 이슈가 되면서 소비자들은 깊은 반감과 불안을 드러냈다.

결국 식약처는 2018년 시중에 유통되는 물티슈를 수거해 검사한 뒤 결과를 발표했다. 유해 중금속, 포름알데히드Formaldehyde, 프탈레이트Phthalate, 보존제(CMIT/MIT 포함) 등 총 13가지 화학물질에 대한 검사 결과 147개 제품 중 14개 제품이 기준치를 초과해 행정 처분을 받았다. 이를 계기로 물티슈 사용으로 인한 환경 파괴에 책임감을 가져야 한다는 목소리가 커지고 있다.

물티슈는 화장지로 만들어지는 것이 아니다. 우리가 흔히 사용하는 화장지는 물에 조금만 적셔도 흐물흐물해지면서 분해되지 않던가.

물티슈는 레이온과 폴리에스테르가 합성된 플라스틱 성분으로 만들어진다. 종이가 아니기 때문에 잘 찢어지지 않고 오래 보관할 수 있지만 자연 분해되지 않아 환경을 오염시키는 악성 쓰레기로 분류된다. 이미 영국에서는 플라스틱 퇴출 계획안에 물티슈를 환경오염의 원인으로 지목하고 물티슈의 해악에 대해 심각하게 받아들이고 있다.

🕊 화학제품, 방부제 잔뜩,
환경오염도 문제

이러한 물티슈를 응용한 것이 바로 클렌징 티슈다. 클렌징 티슈는 편리성과 휴대의 간편함을 내세워 소비자들에게 어필하고 있다. 또 천연 유래 성분을 함유하고 있으며, 피부 자극을 최소화해 피부를 보호하고 이중세안이 필요 없다고 설명한다.

그런데 생각해 보자. 고작 섬유 한 장이 이중세안이 필요 없을 만큼 강력한 세정력을 보장한다니. 도대체 화학제품이 얼마나 많이 들어있을까? 더군다나 클렌징 티슈처럼 습한 제품을 오랫동안 유통시켜야 한다는 점을 감안하면 방부제 첨가 역시 필연적이다.

또한 부직포를 활용했지만 다량의 플라스틱으로 만들어진 제품에 극미량의 천연 유래 성분을 함유하고 '천연 클렌징티슈 화장품'으로 판매하기도 한다.

두툼하고 질긴 펄프 재질이라 찢어질 염려가 없다는 것을 마케팅 포인트로 삼기도 하는데 피부 유해성도 유해성이지만 환경오염에 대한 고민도 해보길 바란다.

Fact

100% 천연 화장품은 없다

  빅데이터 분석 전문기관이 2018년 3월부터 2019년 3월까지 천연 화장품 트렌드를 분석한 결과 천연 화장품에 관심을 갖는 이유는 피부 보호와 피부 관리 때문인 것으로 나타났다. 가장 관심을 보인 천연 원료는 병풀추출물, 녹차, 알로에, 라벤더 순이었다. 이러한 니즈를 간파한 화장품 회사들은 '99% 천연 유래 성분으로 만들어진 순한 화장품', '꽃잎에서 추출한 천연 유래 성분', '허브 추출 유래 성분으로 피부 보호막을 형성하는 안전한 화장품' 등의 문구로 천연 화장품임을 강조하면서 피부에 안전하다는 믿음을 갖게 했다.

🌿 천연원료? 천연유래원료?

2019년 3월 식약처가 발표한 「천연 화장품 및 유기농 화장품의 기준에 관한 규정」에 따르면 천연 화장품은 동식물 및 그 유래 원료 등을 함유한 화장품으로 식약처가 지정한 인증기관에서 인증 받아야 천연 화장품으로 표기 가능하다.

천연 화장품은 95% 이상의 천연 혹은 천연 유래 성분으로 구성돼야한다. 천연 원료는 가공하지 않은 원료 자체이거나 물리적 공정을 거친뒤에도 화학적 성질이 변하지 않은 것을 뜻하며, 크게 식물성 원료, 동물성 원료, 미네랄 원료로 나뉜다. 천연 유래 원료란 식물성 원료, 동물성 원료, 미네랄 원료에 생물학적 또는 화학적 공정을 거친 2차 성분을말한다.

일반적으로 직접 만들어 바로 소진하는 것이 아니라 장기간 사용해야 하는 화장품에는 천연 원료를 사용하기 어렵다. 따라서 우리가 온·오프라인을 통해 구매하는 천연 화장품은 천연 유래 원료로 만들어지는데, 이는 화학적 공정을 거친 2차 성분이기 때문에 엄밀히 얘기한다면 100% 천연 화장품은 아니다.

또 천연 유래 성분이 효과를 기대할 수 있을 만큼 함유되었는지 확인하는 것도 어려운 일이다. 화장품 성분표에 알로에 추출물, 병풀 추출물, 장미 추출물 등이 적혀있긴 해도 각각의 성분이 얼마나 포함됐는지는 표기되지 않으니 알 도리가 없다. 천연 화장품이라는 명칭을 사용하기 위해 필요한 조건을 '물(정제수)+천연 원료+천연 유래 원료를 더해 95% 이상이어야 한다'라고 다소 모호하게 뭉뚱그렸기 때문이다.

화장품을 사기 전 성분표를 먼저 살펴보자. 만약 핵심 천연 유래 성분들이 뒤쪽에 표기되어 있다면 함량이 적은 것이니 피부에 미치는 효과가 미미하다고 봐도 무방하다. 소비자에게 진짜 신뢰를 주고 싶다면 앞으로 천연 화장품을 출시할 때 원료 함량을 정확히 표기하고, 올바른 정보를 전달함으로써 소비자의 구매 판단을 도와야 하지 않을까?

🕊 어떤 화장품에도 천연 향은 없다

화장품 뚜껑을 열자 은은한 재스민향이 후각을 자극한다. 고급 레스토랑 화장실에서는 피톤치드향이 풍겨 산책로에 온 듯 착각을 일으키기도 한다. 어디 이것뿐이겠는가? 매일 사용하는 샴푸에서는 시원한 페퍼민트향이나 개운함이 배로 느껴진다. 그런데 이상하다. 재스민 생화에서는 화장품에서 맡았던 그 향이 나지 않는다. 나만의 착각일까?

후각은 코를 통해 들어온 향이 후각세포를 통해 대뇌변연계와 직접적으로 연결된 후, 해마체와 뇌하수체에 전달돼 향에 반응하는 생리활성물질을 분비하며 작용한다. 꽃향기를 맡으면 행복감을 느끼고, 오물

냄새를 맡으면 속이 울렁거리는 것은 이 때문이다.

후각은 매우 예민하고 강력한 기억을 남기는 감관이지만 예민하기 때문에 둔감해지기도 쉽다. 따라서 화장품이나 생활용품의 강한 인공향에 적응되면 실제 천연향을 맡았을 때 별다른 자극을 느끼지 못하게 된다.

향료는 크게 천연 향료와 인공 향료로 나뉘는데 천연 향료는 대부분 식물에서 추출한 성분을 사용하고, 인공 향료는 석유에서 분리하고 정제한 화학물질에 착향제를 첨가해 만든 성분을 사용한다. 우리에게 익숙한 인공 향료 유제놀^{Eugenol}, 리날룰^{linalool, 리날로올}, 시트랄^{citral}, 리모넨 ^{Limonene} 등에 향이 오래 지속되고 멀리 퍼지도록 더 많은 화학 성분을 혼합하기 때문에 유해성이 더욱 커진다. 이러한 향료 성분들은 성분표에 향료 또는 Fragrance로 일괄 표기된다.

합성향의 유해성 때문에 '천연 아로마향'과 같이 천연향인 것처럼 강조하는 경우도 적지 않다. 하지만 아로마 오일은 나라별 수확 시기, 재배 환경, 추출 방법에 따라 화학 성분 함량에 많은 차이를 보이며, 100% 원액이 첨가된 것인지 의심스러울 때도 많다.

아로마 테라피에 사용되는 특정 에센셜 오일이 피부 트러블에 도움된다는 연구 결과가 있었지만 이는 에센셜 오일 함량이 고농축인 경우에 한한 결과일 뿐이다. 향 첨가제로 이를 대체한다면 기능성은 극히 미미한 수준에 그칠 것이다.

실제로 최상등급 아로마 오일은 최적의 조건에서 건조시켜 추출하고 추가적인 가공 절차(오일 정제, 미네랄 오일 및 식물성 오일 혼합)를 거치지 않은 원액을 말한다. 하지만 화장품 단가 문제로 저렴한 에센셜 오일에 아비톨Abitol, 벤질알코올Benzyl alcohol, 카르비톨Carbitol 등 화학첨가물을 더해 오일을 희석시키거나 화학 구조만 같게 합성된 에센셜 오일을 추가하는 경우가 많다. 단 한 방울의 장미 오일을 얻으려면 장미 꽃잎 몇천 장이 필요하다. 그런데 단돈 몇만 원에 살 수 있는 화장품에 진짜 장미향을 첨가하겠는가?

🕊 경피독

지금까지는 향료의 유해성을 생각할 때 후각을 통한 호흡기 알레르기 질환에만 관심을 기울였다. 하지만 화장품에 사용된 화학 성분이 휘발되지 않고 쌓여 피부에 흡수됐을 때의 유해성에 대해서도 심각하게 생각해볼 필요가 있다. 바로 '경피독硬皮毒' 문제다.

우리는 피부로 흡수되는 독성, 즉 경피독으로부터 자유롭지 못하다.

경피독은 표피를 뚫고 세포 사이로 스며든 뒤 지방층에 쌓이거나 혈액 속에 흡수되는데, 일반 생활용품에서부터 화장품에 이르기까지 다양한 제품에서 발현된다.

경피독은 부위에 따라 흡수율이 각기 다른데, 피부 각질층이 얇고 모세혈관이 가까운 곳일수록 흡수율이 높은 것으로 알려져 있다. 팔 안쪽 피부에 흡수되는 양을 1이라고 하고 각 신체 부위의 흡수율을 조사한 결과, 생식기(음낭)의 흡수율이 42로 가장 높았다. 또 모세혈관이 많은 턱 끝, 피지 분비가 활발하고 모낭이 많은 이마 및 두피 역시 흡수율이 높은 것으로 나타났다.

건선이나 아토피 등으로 인해 피부장벽 기능이 떨어지거나 피부 온도가 높으면 유해 화학물질의 전달 속도가 빨라지기 때문에 경피독 위험성이 더욱 높아진다. 화장품에 사용된 성분의 분자의 크기가 작으면 유효 성분 흡수율이 높아진다는 장점이 있지만 이와 함께 경피독 흡수율도 높아진다.

아침에 일어나서 잠자리에 들 때까지 비누, 샴푸, 바디로션, 폼 클렌징, 기초화장품 등 우리 몸을 씻고 바르고 치장하는 데 사용하는 화장품의 가짓수는 생각보다 많다. '바디 버든body burden, 우리 몸에 쌓인 유해물질의 총량'은 하루아침에 생기지도, 단기간에 치유되지도 않는다.

피부를 유연하게 하고 피부 자극을 최소화하기 위해서는 유해 화학 성분을 멀리해야 한다. 피부 건강에 도움도 되지 않고 단순히 코를 자극할 뿐인 향료는 과감히 포기하도록 하자. 색소도 마찬가지다.

간혹 화장품 회사가 경피독의 위험성을 알린다면서 천연 화장품 또는 유기농 화장품을 홍보하기도 한다. 하지만 이는 지금까지 문제가 제기돼 왔던 계면활성제, 방부제 등을 다른 화학 성분으로 대체했을 뿐 향료나 색소로부터 완전히 자유로워졌다고 판단하기는 어렵다.

Fact

홈쇼핑 화장품 비포&애프터의 진실

화장품 판매 홈쇼핑에서는 임상실험을 했다며 제품을 바르기 전과 후의 비포&애프터Before&After 사진을 보여주는 경우가 비일비재하다. 주름 개선, 색소 침착 완화, 피부 건조 개선, 진피 치밀도까지. 기능성을 강조하는 홈쇼핑 방송을 본 경험이 있을 것이다.

홈쇼핑에서는 임상실험 사진을 보여주며 과학적으로 신뢰할 만한 제품임을 강조한다. 하지만 앞서 말했듯 화장품 인체 적용 시험은 화장품 업체가 사설 연구소에 비용을 지불하고 진행한다. 소비자 입장에서는 임상실험 데이터를 유도하는 과정에서 실험을 어떻게 설계하고 진행했는지 파악하기 어렵다. 다만 사업 논리로 보자면 투자 비용 대비 효율이 높아야 하지 않겠는가?

게다가 애프터 사진은 개중 결과가 가장 좋았던 경우를 보여주기 마련이다. 과연 모든 소비자들이 홈쇼핑에서 보여주는 사진만큼 피부 개선 효과를 볼 수 있을까? 이들은 책임을 면하기 위해 임상사진 밑에 아주 작은 글씨로 '개인차 있음'이라는 문구도 잊지 않고 넣어준다.

🕊 화장품은 마법의 약이 아니다

「화장품 표시 광고 실증에 관한 규정」 제1조 소비자를 허위·과장 광고로부터 보호하기 위한 제도가 과학적인 시험이라는 가면을 쓰고 광고주들을 보호하고 있는 것은 아닐까? 단 4주 사용만으로 드라마틱한 피부 개선 효과를 준다면 그건 화장품이 아니라 의약품이어야 한다. 앞으로는 임상실험 기간과 임상실험자의 숫자 등을 꼭 살펴보자.

또 유명 외국 논문에 등재된 과학적 기반의 화장품이라는 문구에 속지 말자. 홈쇼핑에서 저명 학술지를 언급하며 SCI급 논문에 등재된 화장품이라고 홍보하는 것을 본 적이 있다. 자세히 살펴보니 논문에 등재된 화장품 원료를 해당 화장품에 일부 사용했을 뿐 정확한 함유량에 대해서는 언급 조차 하지 않았다. 하지만 홈쇼핑에서는 논문에 인용된 문구를 확대하며 마치 해당 화장품이 논문에 등재될 만큼 대단히 과학적이고 우수한 제품인 것처럼 홍보했다. 화장품은 의약품이 아니다. 이러한 유도 전략에 속지말자.

하나 더, 요즘은 제약사에서도 화장품을 판매한다. 의약품의 경우 부작용에 대한 우려로 성분을 엄격히 구분하고 통제한다. 약의 오남용으로 국민 건강에 해를 끼쳐서는 안 되기 때문이다. 하지만 의약품의 제품명과 비슷한 화장품을 만들어 판매하는 건 다른 이야기다. 이렇게 의약품과 비슷한 이름의 화장품을 만들면 소비자들은 해당 제품을 의약품처럼 신뢰하게 된다. 그러나 이들 제품은 제품명만 비슷할 뿐이다. 화장품은 화장품, 의약품은 의약품이다.

🌿 홈쇼핑에서 지혜롭게 화장품 구매하는 법

2017년 통계에 따르면 TV 홈쇼핑 구매 고객은 여성이 81.6%로 압도적인 비중을 차지했으며, 이 중에서도 40대 이상이 65.9%였다. 이들은 안티에이징 상품에 대한 관심이 매우 높았다. 홈쇼핑의 유혹에서 헤어나지 못하는 독자들을 위해 홈쇼핑에서 지혜롭게 화장품 구매하는 법을 정리했다.

_1+1 덤으로 주는 세트 상품에 현혹되지 말자

홈쇼핑의 가장 큰 장점은 가성비다. 특히 화장품은 한 세트 가격에 두 세트를 구입할 수 있다는 1+1 판매가 이뤄지곤 한다. 여기에 덤으로 무언가 얹어주기까지 한다면 계산기를 두들겨 볼 여유도 없이 구매하기 바쁘다. 시중에서 판매되는 제품과 다를 바 없다는 홈쇼핑 제품, 한 세트 추가 증정의 비밀은 무엇일까?

비밀은 정품 용량을 줄이고 세트로 나눠 판매하는 전략에 있다. 공짜 샘플을 여러 개 구성해 판매하는 '끼워팔기' 전략이다. 또 아예 홈쇼핑용 제품을 따로 생산하는 경우도 많다. 앞으로 세트 구성이 많을수록 정품과 비교해본 뒤 구매하는 습관을 들이자.

_무이자 할부는 공짜가 아니다

홈쇼핑의 장점 중 하나는 비싼 제품을 무이자 할부로 살 수 있다는 점이다. 할부 기간이 길수록 소비자의 심리적 부담이 적어진다는 것을 이용한 마케팅이다. 하지만 할부 이자도 생각해야 한다. 무이자 할부와 일시불 즉시 할인, 두 가지 조건이 나란히 나오는 것을 보면 알 수 있다.

_스튜디오 조명을 믿지 말자

메이크업 제품은 쇼 호스트들이 비교 시연을 하는 경우가 흔하다. 이를 보는 소비자는 그 제품을 사용하기만 하면 방송에 나오는 것처럼 큰 효과를 얻을 수 있다고 착각하게 되고, 이것이 결정적인 구매 요인으로 이어진다. 하지만 전후 사진을 자세히 보면 조명이 미묘하게 다른 경우가 있다. 실내에서는 작은 조명 차이에도 크게 영향을 받기 때문에 이를 무작정 믿어서는 안 된다.

_함유량을 따져보자

피부 노화 지연에 도움을 주는 성분은 대부분 매우 고가이다 보니 높은 함량으로 배합하기 쉽지 않다. 때문에 기능성을 홍보해야 하는 업체 입장에서는 극히 미량 함유되었다 하더라도 고가 성분을 앞세워 구매를 유도해야 한다. 이때 고가 성분 표기에 소비자들에게 익숙하지 않은 ppm 등의 단위를 사용한다. 2장 〈성분표에 진실이 있다〉 중 '항산화 성분이 무려 6,000ppm?! 알고 보니 고작 0.6%'에서 이에 대해 설명했으니 다시 한 번 읽어보도록 하자.

Fact

나보다 소중한
내 아이를 위해

　많은 부모들이 소중한 내 아이의 피부에 단 1%의 자외선도 접근하지 못하도록 자외선 차단제를 덕지덕지 발라댄다. 하지만 이내 땀과 먼지, 자외선 차단제가 뒤엉켜 범벅이 된 피부를 보고 있으면 어떻게 씻어내야 할지 고민스럽기만 하다. 연약한 내 아이 피부를 지키려던 욕심이 과했나 싶어 미안한 마음마저 든다.

　요즘은 다양한 매체를 통해 아이들이 개성을 뽐낼 기회도 많아졌다. 어느새 어린이들도 화장품을 필수라고 생각하게 됐고, 유튜브나 SNS를 통해 메이크업을 배우기도 한다. 이러한 추세는 셀프 염색, 즉 모발 영역까지 확장된 상황이다. 그런데 아이들이 사용하는 화장품 용기(주로 플라스틱)에서 환경 호르몬이 나와 성조숙증을 유발한다고 지목되고 있는 데다, 발암 성분이 함유된 립밤까지 아무런 경계 없이 사용되고 있어 걱정스럽기 그지없다.

🐦 자외선 차단제 어떻게 씻어낼까?

우선 자외선 차단제에 대한 설명은 2장 〈성분표에 진실이 있다〉 중 '자외선 차단제, 얼마나 알고 있니?'를 참고하길 바란다.

자외선을 차단하는 대표적인 화학 성분은 아보벤존, 옥시벤존, 에칠헥실메톡시신나메이트Ethylhexyl Methoxycinnamate, 옥토크릴렌Octocrylene, 에칠헥실살리실레이트Ethylhexyl Salicylate 등이다. 이 성분들은 피부를 자극해 트러블 발생율을 높이므로 민감한 피부나 여드름 피부는 주의를 기울여야 한다.

물리적 차단을 위한 대표적인 성분은 징크옥사이드, 티타늄디옥사이드 등인데 이는 화학적 차단 성분보다 트러블 발생률이 적기 때문에 피부가 연약한 어린이용 자외선 차단제에 사용된다. 다만 백탁현상을 일으키는 데다가 땀이나 물에 강한 워터프루프 기능까지 더해져 몰라도 씻어낼 때의 번거로움이 적지 않다.

일반적으로 자외선 차단제는 물에 잘 지워지는 O/W(외부가 물이고 그 내부에 오일이 섞여 있는 모양) 타입과 물에 잘 지워지지 않는 W/O(외부가 오일이고 그 내부에 물이 섞여 있는 모양) 타입이 있는데, 물리적 차단 방식은 대부분 W/O타입으로 보통 비누나 폼 클렌징만으로는 잘 지워지지 않는다. 아이들의 피부는 아직 피지선이 발달되지 않아 피부 보호막 기능이 떨어진다. 게다가 어른에 비해 피부가 얇기 때문에 피부장벽을 지키는 것이 무엇보다 중요하다. 따라서 세안 시에는 자외선 차단제를 효율적으로 제거하면서도 피부 저항력을 떨어뜨리지 않도록 유의해야 한다.

시중에 판매되고 있는 어린이용 자외선 차단제가 대부분 물리적 차단 방식이라는 점을 감안한다면 오일 또는 오일 친화 성분을 말끔히 제거하는 것이 중요하다. 성인의 경우 클렌징 오일·크림·티슈 등을 활용해 오일 성분을 제거할 수 있지만 아이들에게는 많은 제약이 있다.

아이의 피부에 남아 있는 자외선 차단제를 자극 없이 제거하기 위해서는 일단 집에 있는 순한 로션이나 크림을 피부에 도포한 후 가볍게 손으로 문지르고 미지근한 물로 1차 세안한다. 이를 통해 오일 성분을 무리 없이 제거할 수 있다. 이후 거품이 풍부한 약산성 클렌징 제품을 소량 사용해 남은 잔여물을 깨끗이 제거한다. 자외선으로 인한 수분 탈수를 막기 위해 로션이나 크림을 발라주는 것도 중요하다.

🕊️ 안전한 어린이 염색약 같은 건 없다!

염모제(염색약) 뚜껑을 열면 곧바로 암모니아 냄새가 코를 찌른다. 한창 자라나는 어린이들이 이런 걸 써도 괜찮은 걸까? 미용 전문가들은 어린이에게 사용하는 염모제는 순하기 때문에 덜 해롭다고 부모들을 설득한다. 화학물질의 결정체인 염모제가 순하다고? 가능한 일일까?

염모제는 색상이 얼마나 오랫동안 지속되느냐에 따라 영구 염모제, 반영구 염모제, 일회성 염모제로 나뉜다. 영구 염모제는 1제와 2제를 혼합해 사용하는데 1제는 염료와 알칼리제, 2제는 과산화수소로 이뤄져 수개월간 원하는 색상이 유지된다.

반영구 염모제는 우리가 흔히 알고 있는 컬러매니큐어나 컬러왁싱이다. 이 제품들은 모발 표면에 색상을 입히기만 할뿐 모발의 큐티클^{cuticle,} _{생물의 체표 세포에서 분비하여 생긴 딱딱한 층}을 통과하지 못하기 때문에 지속시간이 2~3주 정도로 짧다.

일회성 염모제는 머리카락에 일시적으로 색깔을 덧입힐 뿐이기 때문에 사용 후 씻어내면 원래의 머리색으로 돌아간다. 종류에는 헤어스프레이, 헤어마스카라 등이 있다.

　우리가 흔히 사용하는 염모제는 영구 염모제로 암모니아의 알칼리성을 이용해 모발의 큐티클층을 느슨하게 만들고, 과산화수소가 멜라닌 색소를 탈색해 그 자리에 염료가 착색되는 원리다. 어른용이든 어린이용이든 이 원리를 이용하지 않는 영구 염모제는 없다. 멜라닌을 탈색하고 합성염료를 결합시키기 위해서는 모발의 큐티클층에 화학반응을 일으켜야 하기 때문이다. 이 과정에서 필연적으로 모발 손상이 발생하며 어린이의 모발은 특히 약하고 가늘어 더욱 치명적인 손상을 입는다.

　염료제의 구성 성분 중에서도 가장 독성이 큰 것은 강한 알칼리성을 띠는 1제의 염료와 알칼리제다. 이 중 PPD^{p-Phenylenediamine: 파라페닐렌디아민, P-페닐디아민}는 인공 염료로 분자가 작아 모발에 잘 침투되고 발색이 뛰어나 염모제의 기본이 된다. 하지만 독성이 높아 알레르기성 접촉 피부염, 두피질환, 부종 등을 유발한다. 더 심각한 것은 두피의 모낭을 통해 흡수된 후 혈액을 따라 신장으로 들어가 소변으로 배출될 때 신장에 상당한 무리를 준다는 점이다.

　최근 PPD의 유해성 때문에 어른은 물론 어린이에게도 안전하다는 '無PPD' 제품이 출시되기도 했다. 하지만 PPD와 비슷한 성분을 사용하지 않는 한 원하는 색상을 내는 것은 거의 불가능에 가깝다. PPD의 대체물질로 5-디아민, 황산톨루엔-2 성분이 쓰이는데, 이 성분들은 피부 접촉 시 자극이 크고, 수포, 간 이상 위험이 있으며 눈에 자극을 주는 것으로 보고됐다. 결코 안전하지 않다.

또 천연 식물성 염색약이라고 홍보하는 제품도 있는데 이 역시 비슷한 원리에서 크게 벗어나지 못한다. 보다 정확히 표현하면 '천연 유래 성분이 첨가된 염모제'일 뿐 천연 성분으로 만들어진 염모제는 아니다. 결국 어린이가 사용해도 되는 순한 염모제란 천연 유래 성분이 첨가된 제품일 뿐 화학물질이 배제된 안전한 제품은 아니다.

순하고 영구적으로 색상이 유지되면서 독성은 전혀 없는 염모제는 아직 세상에 존재하지 않는다.

🌿 성조숙증 부르는 화장품 용기

요즘 길을 걷다 보면 학생인지 성인인지 구분되지 않는 청소년이 많다. 중·고등학생은 물론 초등학생조차 발육 상태와 평균 신장이 과거와는 비교가 안 될 수준이다.

2019년 국민건강보험공단이 2013~2017년까지의 성조숙증 환자를 분석한 결과 연평균 9.2%씩 총 42.3% 증가한 것으로 나타났다. 성조숙증 환자 10명 중 9명은 여아였으며 예방을 위해서는 환경 호르몬 노출을 최소화하고, 적절한 영양관리로 비만을 예방해야 한다고 발표했다. 비만세포에서 여성호르몬이 분비된다는 점을 감안한다면 결과적으로 여성호르몬 역할을 하는 환경호르몬이 성조숙증 환자를 증가시키는 원인으로 해석된다.

어릴 때 환경 호르몬에 노출되면 체중과 신경 인지발달에 영향을 미칠 뿐 아니라 성장기 발달 과정에서 성조숙증 유발 확률이 높다. 이밖에 과잉행동장애, 비만으로 인한 대사질환 발생 가능성도 높다.

환경호르몬의 유발 원인은 다양하지만 생활에서 자주 접하는 화학물질 중 비스페놀A bisphenol A나 프탈레이트(탈산염) 같은 물질에서 많이 방출된다고 알려져 있다. 비스페놀A는 캔 음료, 물병, 가전제품의 코팅제로 사용되며, 프탈레이트는 플라스틱 제품을 부드럽게 만드는 데 사용된다. 이들은 다양한 경로로 우리 몸에 흡수돼 에스트로겐과 같은 유사 성호르몬 작용을 하며 내분비계를 교란시킨다. 성호르몬이 아니지만 진짜처럼 행세하면서 호르몬 분비 환경을 뒤흔드는 것이다.

자라나는 영·유아와 청소년에게 성호르몬이 미치는 영향은 무엇일까?

성호르몬은 발육 시기에 신체 발달이 왕성하게 이뤄질 수 있도록 촉진하는 역할을 하는데, 성호르몬의 영향으로 성장판이 일찍 닫히면 뼈 성장이 늦춰져 신장 발달에 영향을 미친다. 여성의 경우 성호르몬의 영향을 받는 시기가 길어지면 성호르몬 과잉 분비로 인한 질환 발생 확률, 즉 성인이 됐을 때 유방암에 걸릴 확률이나 조기 완경의 가능성이 높아진다.

화장품 용기는 대부분 플라스틱인데 비교적 딱딱하기 때문에 사용이 불편하다. 따라서 플라스틱 중 PVC라 불리는 폴리염화비닐을 부드럽게 가공해야 하는데, 이 과정에 사용되는 것이 환경호르몬을 일으키는 프탈레이트 계열의 가소제 성분일 가능성이 높다. 매일 사용하는 기초 화장품 용기뿐 아니라 마스카라나 블러셔 브러시와 같은 화장품 부자재도 부드러운 질감의 플라스틱으로 만들어야 하기 때문에 프탈레이트 계열의 가소제를 사용할 가능성이 높다.

화학물질의 복합체인 화장품을 수개월에서 수년간 보관하는 동안 용기 내에서 어떠한 화학반응이 일어나며 얼마나 변질될지 누구도 장담할 수 없다. 화장품의 대표적인 유해 성분 중 하나로 보관 기관을 늘리기 위한 방부제 파라벤 역시 환경호르몬 역할을 한다. 우리는 용기에서 성분에 이르기까지 환경호르몬으로부터 자유로울 수 없다.

설령 환경호르몬 방출량이 기준치 이하라고 확인된 제품을 사용할지라도 매일 아침부터 저녁까지 우리가 바르는 화장품의 숫자는 생각보다 많다. 이러한 유해 성분이 피부에 흡수돼 누적됐을 때 어떤 영향을 일으키게 될지 모른다. 어릴 때부터 화장하는 문화를 단순히 호기심 혹은 개성이라며 덮어둘 일이 아니다.

화장품을 아예 사용하지 말라는 것은 아니다. 다만 어릴수록 최소한의 화장품만 사용하기를 권장하고, 가능한 한 플라스틱 용기와 부자재를 멀리할 수 있도록 관심과 교육이 필요하다.

🌿 립밤의 위험한 진실

건조하고 부르튼 입술을 보호해 주는 립밤은 그야말로 겨울철 스테디셀러다. 화장품과 달리 피부가 아닌 입술에 바르는 립밤은 연신 덧바를 뿐만 아니라 무의식적으로 삼키기도 한다. 직접 섭취하는 식품은 철저히 따지면서 화장품에 대해서는 왜 이리 관대한 걸까? 게다가 소중한 내 아이들이 이것을 바르고 먹는다면 상황은 더욱 심각해진다.

립밤은 대부분 '바셀린' 성분으로 만들어졌다. 바셀린은 한때 국민 화장품이라고 회자됐을 만큼 친숙하고 가성비 좋은 화장품으로 인식돼 있다. 실제로 화상이나 햇빛으로 인한 상처에 상비약처럼 유용하게 활용되는 제품이다. 하지만 바셀린이 입으로 흡수된다면 얘기는 달라진다.

바셀린은 일명 '석유젤리'라고 불리는 페트롤라툼으로 만들어진다. (2장 〈성분표에 진실이 있다〉 중 '여드름 화장품 논코메도제닉 화장품의 진실'에서 설명한 바 있으니 참고하길 바란다.) 이는 석유를 정제한 부산물로 그 과정에서 다환방향족탄화수소PAHs, polynu clear aromatic hydrocarbons라는 불순물이 포함될 수 있으며 이 성분이 발암 가능성을 높이는 것으로 밝혀졌다.

2011년 국제 환경연구·공중보건 저널International Journal of Environmental Research and Public Health은 PAHs-DNA부가물을 형성하는 PAH 노출이 결국 암으로 이어진다고 발표한 바 있다. 또 2015년 미국 뉴욕주의 롱아일랜드 여성들을 대상으로 연구 발표한 논문에 의하면 PAH-DNA부가물을 가진 여성일수록 유방암 발생률이 50%나 높았다.

우리나라 한국산업안전보건공단의 화학물질정보 사이트(http://msds.kosha.or.kr/)는 화학물질분류·표시 국제기준(GHS)에 따라 화학물질을 발암 유발 가능성이 높은 순서대로 1A, 1B, 2로 분류하고 있다. 페트롤라툼은 1B로 발암 가능성이 높은 물질군에 포함됐다. 또 건강유해성정보 테스트에서는 페트롤라툼이 토끼를 대상으로 한 눈과 피부 자극 실험에서 경미한 자극을 일으켰다고 보고했지만 경구나 흡입에 대한 실험 내용은 없다. 상황이 이렇다 보니 화장품이 입을 통해 흡수될 때의 유해성에 대해서는 알 방법이 없다.

다만 한국산업안전공단 화학물질정보사이트의 응급조치요령에는 페트롤라툼 물질을 먹거나 흡입한 경우 구강 대 구강법 인공호흡 하지 말고 적절한 호흡의료장비를 이용하라는 내용이 기재되어 있다. 또 페트롤라툼에 노출됐거나 노출이 우려될 시 의학적인 조치·조언을 구하라고 명시되어 있다. 이는 발암 물질인 페트롤라툼의 구강 흡수가 인체에 위험하다는 사실을 경고한 것이나 다름없다.

유럽연합 위원회European Commission에 따르면 EU는 페트롤라툼을 발암 물질로 분류했고 이를 화장품 원료로 사용하려면 PAHs과 같은 발암성분을 100% 완벽하게 정제해야 한다고 명시하고 있다. 반면 우리나라에서는 아직 화장품 원료로 버젓이 사용되는데도 유해 성분에 대한 분석이나 별다른 규제 없이 제조 판매되고 있다.

페트롤라툼은 입술에 수분을 공급하는 것이 아니라 외부 공기를 차단하는 보호막을 형성해 수분 증발을 막으면서 갈라지고 터진 입술의

2차 감염을 방지한다. 단지 이를 위해 발암 물질로 밝혀진 성분을 입술에 바르고 연신 삼키면서 암에 노출될 이유가 있을까?

Fact

항균·항염 화장품이 감염병 예방?

항균^{抗菌}이란 말 그대로 균에 저항하는 것을 말하고, 항염^{抗炎}은 염증을 억제하거나 없애는 것을 말한다. 최근 유행 중인 코로나19 감염 예방을 위해서는 항균·항염 화장품을 사용해야 한다는데, 사실일까?

🌿 건강한 피부엔 항균·항염 화장품이 오히려 독

피부는 외부 유해 자극으로부터 신체를 보호하는 1차 방어벽이다. 도움이 되는 미생물과 유해 미생물이 서로 공존하며 피부 면역을 유지하지만 호르몬 변화, 미세먼지, 물리 자극, 화학 성분 등으로 미생물 균형이 깨져 피부장벽이 약화되면 각종 염증과 색소 침착, 피부 노화 등 다양한 문제가 일어난다.

화장품에 항균 및 항염 기능을 추가하는 이유는 염증을 완화시켜 피부 문제를 예방하기 위해서다. 대부분의 여드름 화장품이 여기에 속한다. 특히 여름에는 피지 분비가 활발해지고 각질로 인한 염증이 생길 수 있기 때문에 항균·항염 화장품 판매가 증가한다.

하지만 이는 여드름 피부나 피지 분비 조절이 어려운 피부, 스트레스로 피부트러블이 잦은 경우에 도움이 될 뿐 건강한 피부는 예외다. 또 코가 빨개지는 주사Rosacea. 코.이마.볼에 생기는 만성 피지선 염증나 지루성 피부염은 화장품으로 해결하기 어려우므로 전문의에게 진단과 처방을 받아 관리해야 한다.

다시 말해 건강한 피부라면 항균·항염 화장품을 바를 이유가 없다. 더구나 마땅한 코로나19 백신이나 치료제도 없는 상황인데 감염 예방 화장품이 존재하겠는가? 화장품 업계의 공포 마케팅이라는 생각을 떨칠 수가 없다.

피부에 맞지 않는 항균·항염 화장품은 피부의 유·수분 밸런스를 깨뜨려 건강한 피부를 망친다. 화장품의 특정 성분이 피부 면역력을 높여 바이러스에 대한 대응력을 높여준다는 광고를 심심치 않게 볼 수 있는데 바이러스 감염 예방에 가장 중요한 것은 피부 청결이다. 화장품으로 바이러스를 제거한다는 것은 상상 속에서나 가능한 얘기다.

최근 개인위생의 중요성이 대두되면서 바디클렌저 제품 매출은 143.7%, 클렌징과 선크림은 80% 정도 증가했다는 보도가 있었다. 하지만 감염병 유행 시기에는 특정 세안제보다 제대로 노폐물을 제거하는 세안 습관이 더 중요하다.

❧ 잦은 손 씻기로 건조해진 손 보드랍게 되돌리는 팁

손 씻기는 가장 가성비 좋은 감염병 예방 방법이다. 비누를 이용해 씻는 방법이 가장 효율적이지만 여의치 않으면 손 소독제를 이용하는 차선책도 권장된다. 상황이 이렇다 보니 외출이 잦은 사람들은 손 씻기는 물론 손 소독제로부터 자유로워지기 어렵다. 타인을 위해 손을 자주 씻고 손 소독제를 사용하고 있지만 이는 손을 건조하게 만드는 원인이기도 하다.

손의 청결을 유지하면서 건조함도 극복하는 방법은 분명히 있다. 생활 속에서 손을 보다 곱고 부드럽게 만들 수 있는 '꿀팁'을 준비했다.

_바셀린으로 손 팩하기
비누로 손을 씻고 말린 다음 바셀린을 꼼꼼히 바른다. 면장갑이나 비닐장갑을 끼고 최소 30분 이상 기다린 후 제거한다. 바셀린의 페트롤리움 성분이 유분막을 형성해 보습 유지에 도움을 준다. 손톱에도 바르면 손 전체의 보습력을 유지할 수 있다.

_수시로 핸드 크림 바르기

손은 피지선이 적게 분포하는 데다 외부에 노출돼 있어 쉽게 건조해지는 부위다. 더구나 잦은 손 소독제 사용은 피부보호막을 손상시켜 건조증을 더욱 악화시킨다. 따라서 손을 씻은 후에는 핸드 크림을 수시로 덧발라 외부 자극을 최소화해야 한다. 이미 손 씻기나 손 소독제 사용으로 소독이 끝난 상태이므로 '핸드 크림 때문에 소독 효과가 떨어지지 않을까?'라는 의심은 안 해도 된다.

_미지근한 물로 씻기

손을 씻을 때 물 온도가 너무 뜨거우면 피부에 자극을 주고, 너무 차가우면 노폐물이 제대로 제거되지 않는다. 피부 자극과 건조함을 예방하기 위해서는 미지근한 온도로 손을 씻는 것이 좋다.

_종이 수건으로 손 말리기

손 씻기만큼이나 중요한 것이 손 말리기다. 외부에서 손을 씻은 뒤 말리는 방법은 자연 건조와 에어드라이어 사용, 공용 수건 사용, 종이 수건 사용 등이 있다. 영국 웨스트민스터 연구진의 논문에 따르면 에어드라이어를 사용했을 때 손에 발생하는 세균량은 종이 수건 사용 시보다 많았다. 바이러스 감염을 조심해야 할 시기에는 공용 수건이나 에어드라이어 사용을 삼가고 자연 건조나 종이 수건을 사용하자.

_요리할 때 위생장갑 사용하기

요리할 때 손에 자극을 주는 습관을 줄이자. 한국 음식의 특성상 마늘, 고춧가루, 파 등 자극적인 재료를 많이 사용하는데 이를 손으로 직접 만지면 피부에 자극을 주게 된다. 음식을 만들거나 재료를 다듬을 때도 위생장갑을 착용해 자극을 최소화하고 피부 건조를 막자. 물론 설거지를 할 때 고무장갑을 끼는 것도 필수다.

Fact

4장

바디 제품
사용 설명서

Fact

비누와 폼 클렌징은 다르다?

요즘은 화장품 코너에서 비누를 찾아보기 어려워졌다. 그러고 보니 나 역시 굳이 비누를 사용하지 않은지 오래된 것 같다. 비누를 대체할 수 있는 제품이 많아졌기 때문이다. 화장실 수납함을 열어보니 선물 받고 써보지도 않은 비누가 가득하다. 씻을 때 쓸까? 아니면 속옷 빨래할 때 쓸까? 유통 기한이 얼마 남지 않은 비누들을 두고 고민에 빠진다. 한때 만능 세안제로 통했던 비누는 왜 이렇게 천덕꾸러기 신세가 됐을까?

비누의 불편함을 보완해 나온 상품 중 가장 대표적인 것은 폼 클렌징이다. 비누와 폼 클렌징은 얼마나 다를까?

🌿 세정제의 목적은 세정

비누든 폼 클렌징이든 피부에 가능한 한 피부 자극을 최소화하면서 피부에 남아 있는 노폐물을 제거하는 것이 목적이다. 그리고 어떠한 세정제든 계면활성제 성분을 기본으로 한다.

일반적으로 비누는 계면활성제의 일종인 지방산을 기본으로 하며 나트륨과 칼륨을 혼합해 만든다. 폼 클렌징은 석유에서 추출한 탄화수소를 산과 염의 반응으로 만든다

결과적으로는 두 제품 모두 얼굴을 깨끗하게 씻어내는 것이 목적이다. 따라서 그 이상의 기능은 의미가 없다. 간혹 기능성 세안제라고 광고하는 제품들이 있는데, 어차피 클렌징 제품은 얼굴에 남아 있는 노폐물을 효율적으로 제거하려고 사용하는 것이다. 그런데 미백이니 주름 개선이니 항산화 성분이니 하는 것들이 무슨 소용이 있겠는가? 설사 비싸고 효과적인 기능성 성분이 포함돼 있다고 한들 노폐물 범벅인 얼굴을 씻지도 않고 흡수시킬 것인가?

폼 클렌징은 유럽에서 처음 만들어졌다. 흔히들 유럽 물에는 석회질이 많이 섞여있다고 한다. 실제로도 마그네슘이 다량 포함되어 있다. 비누의 주성분인 지방산과 마그네슘이 만나면 거품이 잘 일어나지 않

아 효율적으로 노폐물을 제거하기 어렵다. 때문에 풍성한 거품을 이용하기 위해 계면활성제가 함유된 액상 클렌징 제품을 사용하기 시작했다.

결국 비누와 폼 클렌징은 세안제를 사용하는 환경에 따라 용도가 다를 뿐이다. 비누는 나쁘고 폼 클렌징은 좋다는 식으로 판단할 수 없다.

틀살 화장품?
마음의 위안에 불과!

수영장에서 매끈한 몸매를 과시했던 예전의 나는 이제 없다. 시선을 끄는 비키니 수영복은 그저 부럽기만 한 남의 일일 뿐이다. 변해버린 체형을 조금이라도 커버하고자 원피스 수영복을 고르는 모습에 갑자기 서글퍼진다. 게다가 임신의 흔적인 '틀살'을 보고 있자니 울컥하는 마음이다.

임신했을 때 배의 틀살을 예방하기 위해 고가의 틀살 오일과 크림을 꾸준히 바르며 온갖 공을 들였는데 왜 이 모양이 된 걸까? 그냥 화장품 광고에 속은 걸까?

🌿 튼살은 왜 생길까?

임신으로 인한 튼살의 원인에 대해서는 크게 두 가지 주장이 있다. 먼저 배가 불러오면서 피부가 늘어나는데 피부조직이 이에 물리적으로 대응하지 못하면서 진피층의 콜라겐 섬유와 탄력 섬유 간 그물구조가 파괴된다는 것이다.

또 하나는 태반에서 분비되는 여성호르몬이나 부신피질호르몬이 증가해 콜라겐 섬유의 결합이 일부 파괴되면서 발생한다는 주장이다. 하지만 지나친 체중 증가로 인해 피부조직이 손상되면서 띠 모양으로 생긴다는 첫 번째 주장이 우세하다.

처음 튼살이 생길 때는 붉은색의 가는 선들이 생기는데 점차 흰색으로 변하면서 마치 지렁이처럼 생긴 흉터로 자리 잡는다. 이처럼 보기 싫은 튼살을 없애준다고 하는 것이 바로 튼살 크림이다.

하지만 튼살을 예방하거나 완화하는 방법은 오직 파괴된 진피층을 자극해 콜라겐과 엘라스틴 분비를 촉진하는 것뿐이다. 이들로 하여금 팽창하는 피부 면적을 감당케 함으로써 손상된 피부 구조를 복구시키는 방식이다. 당연히 피부에 바르는 튼살 크림으로 진피층이 재생될 만큼 자극하는 것은 불가능하다. 게다가 임산부 배에 진피층을 자극하는 성분이 흡수된다? 애초부터 가능해서는 안 되는 매우 위험한 일이다.

🕊 튼살 크림은 없다

영국 피부학회지British Journal of Dermatology는 2015년 미국 미시간대학교의 연구 결과를 토대로 '임신부 튼살 크림은 효과가 없다'고 발표한 적이 있다. 연구진은 시중의 튼살 크림은 대부분 과학적으로 효과가 입증되지 않았을 뿐 아니라 이미 손상된 피부조직을 재생시키는 제품은 존재하지 않는다고 주장했다.

실제로 튼살 화장품의 성분을 들여다보면 튼살을 획기적으로 완화시킬만한 성분은 없다. 피부 건조를 해결해 주는 정제수를 기반으로 글리세린, 식물성 오일 등의 보습 성분이 대부분이기 때문에 바디 크림과 같은 등 보습 화장품과 별 차이 없다고 볼 수 있다.

살이 트기 시작하면 피부가 건조해지면서 가려움증이 발생한다. 때문에 튼살 예방의 최선책은 피부 건조 예방이다. 이 때문에 튼살 크림의 성분 대부분이 보습 성분으로 배합돼 있는 것이다. 단 임신부라면

피부에 자극을 주는 유해 성분을 피하고 무향, 무색소 제품을 선택해야

한다.

Fact

세상에 탈모 방지 샴푸는 없다

바쁘게 살아가는 현대인들의 고질병 스트레스는 탈모의 원인이 되기도 한다. 탈모 경험이 있는 사람들은 남은 머리카락을 사수하기 위해 갖가지 방법을 강구한다. 이때 가장 먼저 떠올리는 것이 탈모 방지 샴푸이다. 그런데 정말 샴푸 하나만 바꿔도 머리카락이 안 빠질까?

🌿 머리카락이 안 빠지는 샴푸?

샴푸의 본래 역할은 두피에 있는 피지와 각질, 먼지, 갖은 헤어용품 잔여물질을 제거하는 것이다. 근래 들어 여성 탈모 인구 역시 급증하면서 탈모 방지 샴푸는 잇 아이템it item이 됐다. 설사 탈모가 진행되지 않았어도 예방 차원에서 이런 제품을 사용하기도 한다.

탈모 방지 샴푸의 목적을 간단히 정의하자면 '두피를 자극하지 않고 피지 분비를 정상화시켜 정상적인 역할을 하도록 돕는 것'이다. 그렇다면 두피의 역할은 무엇일까?

두피는 피부의 일종으로 외부 자극으로부터 신체를 보호하고 체내 유해물질·노폐물 배설 작용, 유효물질 흡수 등의 작용을 한다. 이는 두피가 피부의 연장이라는 사실을 의미하며 두피를 피부처럼 정성스럽게 다뤄야 하는 이유이기도 하다.

샴푸를 제조할 때는 기본적으로 정제수, 계면활성제, 천연 첨가제, 방부제, 향료 등을 적절히 배합한다. 탈모 방지 샴푸라고 해서 성분이 크게 다른 것은 아니다. 당장 욕실 선반에 자리잡은 탈모 방지 샴푸의 성분을 살펴보자. 아마도 정제수 다음으로 가장 많은 성분을 차지하고 있는 것은 계면활성제일 것이다.

계면활성제가 함유된 탈모 방지 샴푸, 과연 두피에 불필요한 노폐물만 골라 제거할 수 있을까? 안타깝게도 샴푸는 두피 표면의 이로운 지질성분까지 함께 녹여 버리고, 피부장벽을 심하게 훼손시키며 좋지 않은 청결을 강요한다. 더불어 지질 성분을 먹고 사는 상재세균이 살 수 없는 두피환경을 만들고, 이에 따라 무방비상태가 된 두피는 유해균 번식을 위한 최상의 조건이 된다. 이렇게 면역력이 약해진 두피는 염증에 쉽게 노출되고 더욱 건조해지는 등 항상성이 무너진다.

어디 이것뿐이겠는가? 아무리 깨끗이 헹궈내도 남아 있는 계면활성제 성분은 모낭 안으로 침투해 모낭을 파괴하고, 머리카락을 가늘어지게 해 힘을 약하게 만든다. 탈모 방지 샴푸가 오히려 탈모를 일으키는 것이다.

간혹 제품의 우수성을 부각시키기 위해 천연 성분이나 항산화 성분 함유 등을 내세워 광고하는 경우도 있지만 이것만으로 탈모 문제가 해결되지는 않는다. 샴푸는 세정력 때문에 계면활성제의 유해성으로부터 자유로울 수 없다.

애초에 업체에서 탈모 방지 샴푸를 제조할 때 천연 계면활성제 또는 천연 유래 계면활성제를 사용하거나 화학 계면활성제를 덜 사용함으로써 건강한 두피를 유지하도록 도움을 줘야 한다. 탈모 방지 샴푸의 본질은 극히 미미하게 함유된 비싼 탈모 방지 성분이 아니다.

🕊 이제 탈모 방지 샴푸에 대한 환상은 버리자

탈모가 사회적 이슈로 떠오르면서 식약처는 「기능성 화장품 기준 및 시험방법」 제2조 8호에 '탈모 증상 완화에 도움을 주는 기능성 화장품'을 추가 신설했다. 구체적으로 덱스판테놀Dexpanthenol, 바이오틴Biotin, 엘-멘톨l-Menthol, 징크피리치온Zinc Pyrithione, 징크피리치온액(50%) 등이 일정량 포함되면 탈모 기능성 화장품으로 허가받을 수 있다. 문제는 정말 탈모 증상 완화에 도움이 되느냐이다.

먼저 덱스판테놀은 보습, 상처 치유 및 피부장벽 강화에 효과적인 비타민B5 성분이며 보통 피부질환 치료제로 사용된다. 단 이는 두피(피부)에 발랐을 때 얻을 수 있는 효과다. 모발에 바를 경우 코팅 작용으로 인해 윤기는 얻을 수 있지만 탈모에 효과적인 것은 아니다.

바이오틴은 지방과 탄수화물 대사에 도움을 주며, 황을 포함한 비타민B7으로 경구 복용 시 모발에 도움이 된다는 연구 결과가 있다. 하지만 두피 및 모발에 발랐을 때 탈모에 도움을 준다는 내용은 찾아볼 수 없다.

엘-멘톨은 박하유의 주성분으로 소염 작용을 통해 가려움증 완화에 도움을 주지만 탈모에 직접적인 도움을 준다는 연구 결과는 없다.

징크피리치온은 항균제의 일종으로 비듬균 생장을 억제하는 항진균 효과가 있어 비듬 치료에 사용되는 대표적 성분이다.

이처럼 탈모 기능성 화장품에 필수적으로 배합되는 성분의 효능은 대부분 보습, 피부장벽 강화, 항염·항균작용 등으로 요약된다. 샴푸 자체가 탈모를 방지하는 것이 아니라 지루성 피부염이나 모낭염 등 피부 질환의 완화나 보조 역할을 할 뿐이다.

게다가 샴푸의 풍부한 세정력은 모발 보호막인 피지를 제거하고, 항염·항균 성분은 두피를 더욱 민감하게 만드므로 민감성 두피에는 특히 좋지 않다. 또 덱스판테놀, 바이오틴 등의 비타민 성분이 두피와 모발에 영양을 공급할 수는 있겠지만 이것만으로 탈모가 예방되는 것은 아니다.

인터넷에 탈모 샴푸라고 검색해보면 상품만 무려 몇 만개에 달한다. 홈페이지, 블로그, 카페 등에는 모낭·모근 강화, 두피 임상 변화, 탈모 방지, 모발 굵기 증가 등의 문구가 가득하다. 심지어 인체적용시험보고서, 특허, 논문 등을 내세워 제품의 우수성을 입증하고 있는데 내용을 살펴보면 탈모 방지 효과가 아닌 두피 각질 제거, 피부 저자극 테스트, 추가 원료 등에 관한 내용이다. 샴푸가 피부장벽을 뚫고 들어가 발모 효과를 일으킨다는 근거는 전혀 찾을 수 없다.

탈모 치료 계획을 세운다면 먼저 자신의 두피 상태를 확인하고 탈모 유형에 맞춰 전문가와 체계적인 계획을 세워야 한다. 탈모는 어디까지나 치료가 필요한 질환이다. 또한 탈모 샴푸는 의약품이 아니다.

🌿 여름철 자외선으로부터 모발·두피 지키는 팁 7가지

안티에이징의 영역이 변화하고 있다. 이전에는 피부 노화를 늦춰준다는 의미였다면 지금은 가능한 한 모든 부위로 확장되었다. 특히 모발과 두피 안티에이징에 대한 관심이 점차 커지고 있다. 피부의 연장선인 두피와 단백질로 이뤄진 모발은 자외선에 매우 취약하다. 앞서 살펴봤듯 자외선은 피부 노화의 원인 중 하나이니 다음의 팁을 읽어보고 두피와 모발을 보호하도록 하자.

_모자 및 양산 사용하기

일반적으로 자외선에 가장 취약한 것은 피부라고 생각하지만 사실 자외선이 가장 먼저 도달하는 부위는 머리, 그중에서도 정수리 부분이다. 따라서 외출 시 두피 전면을 보호할 수 있는 모자나 양산을 사용해 두피와 모발까지 보호하는 것이 좋다. 가능한 한 챙이 넓은 모자를 선택하고 긴 머리의 경우 머리카락을 묶어 자외선이 닿는 부위를 최소화시키자.

_모발 자외선 차단제 사용하기

모발의 대부분을 이루는 성분은 케라틴이라는 단백질이며 큐티클이 케라틴을 보호하는 구조다. 이는 외부의 열에 특히 민감하고 취약하다. 따라서 자외선으로부터 단백질을 최대한 보호할 수 있도록 자외선 차단 성분이 포함된 제품을 사용해 모발 손상과 변색을 최소화시켜야 한다.

_저녁에 두피 샴푸하기

낮에 분비된 땀과 노폐물, 먼지 등을 깨끗이 제거하고 자야 유해 성분들로부터 자유로워질 수 있다. 그래야만 두피 염증 및 과각질로 인한 탈모를 막을 수 있고, 모낭세포가 활발하게 활동해 건강한 모발 생성을 도울 수 있다. 이때 중요한 것은 드라이어로 젖은 머리를 말리지 말고 자연 건조해 두피 자극을 최소화해야 한다는 점이다.

_주기적인 트리트먼트로 모발 보호하기

자외선으로 인한 열 손실이 많아지는 여름에는 영양분을 최대한 공급하면서 모발을 보호하는 것이 중요하다. 린스보다는 모발에 영양을 공급해 줄 수 있는 트리트먼트를 사용해 손상된 모발을 복원하는 데 도움을 주고 자외선으로부터 모발을 보호하자.

주의할 점은 모발용 트리트먼트가 두피에 직접 닿지 않도록 하는 것이다. 트리트먼트가 모공을 막으면 좋지 않다. 더불어 모발과 두피에 필요한 영양 성분은 각기 다르므로 구분해 사용해야 한다.

_수건으로 말린 후 모발 보호 오일 또는 미스트 사용하기

샴푸 후 수건으로 모발을 감싸고 지긋이 눌러 물기를 제거한다. 이후 물기가 남아 있는 상태에서 자외선 차단 오일이나 미스트를 사용하자. 머리카락 끝 부분을 집중관리해 갈라지지 않게 노력해야 한다. 혹 머리카락 끝이 갈라졌다면 주기적으로 잘라내 정리하면 건강한 모발을 유지할 수 있다.

_빗을 이용해 두피 마사지와 엉킨 모발 정리하기

빗 끝의 뭉툭한 부분을 이용해 두피를 톡톡 두드리면 혈액순환을 촉진해 탈모 예방에 도움을 준다. 또 자외선으로 인해 엉킨 모발은 서로 마찰하면서 모발 큐티클을 손상시키므로 굵은 빗을 이용해 머릿결을 정돈하는 습관을 들이자.

_물놀이 후 흐르는 물에 모발과 두피 노폐물 씻어내기

바닷물이나 수영장 물에는 염분과 염소 성분이 다량 포함돼 있다.

이 성분들은 두피의 모공을 막고 모발의 큐티클을 파괴한다. 따라서 물놀이 이후 바로 샴푸하지 말고 흐르는 물에 두피와 모발을 충분히 헹궈 유해물질이 자연스럽게 씻겨 내려가도록 해야 한다.

Fact

넓어진 모공을 되돌린다는
모공 수축 화장품

여름이 되면 갑자기 높아진 기온 탓에 예민해진 피부가 모공으로 피지를 정신없이 배출하느라 난리법석이다. 이맘때만 되면 여름철 특수 아이템인 모공 수축 화장품이 날개 돋친 듯 팔려나간다. 이들 제품의 광고를 보면 지나치게 분비되는 피지 분비량을 낮추고 넓어진 모공을 획기적으로 줄여준다고 호언장담하고 있다.

🌿 피부에 꼭 필요한 피지

먼저 모공과 피지 분비량의 관계를 정확히 알아보자. 모공은 털이 나오는 구멍을 말하며 피지선은 구조적으로 털을 만들어내는 모낭과 붙어있다. 피지 분비량은 모공 개수 및 크기와 긴밀하게 연관돼 있는데 보통 피부 표면적(cm^2)당 100~120개 정도의 모공이 있다. 얼굴만 해도 2만 개가 넘는 모공이 분포해 있다.

호르몬의 직접적인 영향을 받아 생성되는 피지는 청소년과 남성에게 더 많고, 특히 기온이 높은 여름에는 피부 항상성 유지를 위해 자연적으로 분비량이 증가한다. 피지는 피지선을 타고 모공을 통해 밖으로 분비되며, 외부 세균으로부터 피부를 보호하고 수분 증발을 막아 피부 건조를 예방한다. 피지는 피부 건강을 위해 꼭 필요한 역할을 하고 있는 것이다.

하지만 문제는 피지가 좁은 출구를 통해 분출되기 때문에 자연스럽게 모공이 확장된다는 점이다. 또 피지 외에 화장품 잔여물과 노폐물 등의 물리적 무게도 모공 확장의 원인이라고 볼 수 있다.

모공이 넓어지는 또 다른 원인은 피부 노화다. 모공에는 근육이 없어 콜라겐 섬유와 탄력 섬유로 모공을 지지하는데, 내인성 노화와 외인성 노화로 인해 피부 탄력이 저하되면 수분 보유 능력이 현저히 떨어지게 된다. 모공 지지력이 떨어지면서 넓이도 자연스럽게 확장되는 것이다. 모공이 '늘어졌다'는 표현이 더 적절한 듯하다. 그런데 이러한 원인들을 해결하면서 넓어진 모공을 수축시켜준다는 화장품, 정말 효과가 있을까?

🌱 모공 수축 화장품은 없다

　모공 수축 화장품은 대체로 피지 분비를 억제하거나 화학 성분을 통해 과각질화된 각질층을 제거함으로써 피지 배출을 돕는다고 주장한다. 하지만 설령 이것이 사실이라 하더라도 이는 피지가 과잉 생성되는 피부에 사용하는 '피지 조절 화장품'이지 모공 수축 화장품이 아니다.

　간혹 피지 조절 화장품 사용 후 모공이 좁아졌다고 느끼는 것은 수렴 작용 성분인 알코올, 멘톨, 위치하젤Witch Hazel, 물이나 알코올에 녹인 허브 추출물 등으로 인한 일시적 현상이다. 일시적으로 피부를 자극해 조이는 것을 모공이 좁아졌다고 착각하는 것인데 피부 온도가 제자리로 돌아오면 이내 원상태로 돌아간다. 결국 피부를 건조하게 만들어 피지를 더 많이 생성시키는 악순환의 반복일 뿐이다.

　더욱 위험한 것은 피지 분비량이 많지 않고 단순 노화로 인해 모공이 늘어진 피부에 모공 수축 화장품을 사용하는 경우다. 이는 오히려 피부의 유·수분 밸런스를 깨뜨려 노화를 가속화시킨다.

　화장품만으로 세포를 재생해 모공을 수축시킨다는 것은 대단히 어려운 일이다. 모공 확장은 단순히 과잉 분비되는 피지 문제가 아니라 세포 노화로 인한 현상이기 때문이다. 간혹 피부 표면을 부풀어 오르게 함으로써 모공을 수축시킨다고 주장하는 경우도 있지만 중력을 받는 한 다시 늘어지는 것은 시간문제일 뿐이다.

넓어진 모공은 절대 되돌릴 수 없다. 생활 속 노력만이 모공 확장을 잠시 늦춰줄 뿐이다.

🌿 모공 확장을 늦춰주는 생활 습관

모공 확장을 막기 위한 생활 속 실천 방법은 첫째, 꼼꼼한 세안이다. 피지 분비량은 모공 크기와 밀접한 연관이 있어 모공 안에 노폐물과 피지가 지나치게 쌓이지 않도록 해야 한다.

둘째, 피지를 손으로 짜지 않는 습관이 필요하다. 모공 탄력이 줄어들면 피지가 눈에 많이 보이게 되는데 이를 손으로 짜는 습관은 모공을 크게 만드는 직접적인 원인이다.

셋째, 세안 후 마찰 줄이기다. 세안 후 얼굴에 남아 있는 물기를 마른 수건으로 박박 문지르는 행동은 피부를 예민하게 만들고 모공을 자극한다.

넷째, 유분이 많은 화장품은 피하자. 모공의 피지를 막아 원활한 피지 분비를 방해하고 모공을 넓히는 요인이 된다.

다섯째, 진한 메이크업은 금물이다. 메이크업 제품은 대부분 모공을 막는 유성 성분으로 구성되어 있다. 모공을 가리려다 오히려 모공을 넓히는 결과를 초래한다.

여섯째, 바른 식습관 들이기다. 혈당을 갑자기 올리거나 기름진 음식을 섭취하면 피지 분비가 촉진된다. 따라서 정크푸드를 줄이는 식습관을 들여야 한다.

Fact

독소 배출을 위한
피부 디톡스

찬바람이 불기 시작하면 사람들은 본능적으로 몸에 좋은 것을 찾는다. 어쩌면 급격한 노화에 따라 빛의 속도로 반응하는 세포 하나하나의 처절한 몸부림일지도 모른다.

이때를 놓칠세라 화장품 회사에서는 속을 꽉 채워야 한다며 '속 탄력'과 '겉탄력'을 내세워 소비자들의 피부 노화 염려증을 부추긴다. 이들은 낮과 밤을 구별한 영양 크림, 기적의 성분이 함유됐다는 에센스와 세럼, 노화를 늦춘다는 마스크 팩 등을 출시하며 피부 건강에 목마른 소비자들의 빈속을 채우려 한다. 정말 이렇게 바르기만 하면 겉과 속이 채워져 피부 재생력을 높여줄까?

생각을 전환해 보자. 화장품의 유효 성분을 흡수시켜 피부 재생력을 높이기 전에 화장품의 유효 성분 흡수율을 극대화하기 위해 피부 내에 잔존하는 화장품의 독소를 비워내는 것, 바로 '피부 디톡스'다.

🕊 채우기 전에 비우자 1탄: 디톡스란?

디톡스detox는 몸 안의 독소를 없애는 일이다. 이를 위한 적극적인 방법으로 단식이나 절식을 드는데, 이는 일정기간 먹기를 중단하거나 식사량을 줄임으로써 몸 안의 세포를 활성화시키는 것이다. 얼마 전 유행했던 간헐적 단식도 같은 맥락으로 몸 자체의 정화 작용을 유도하고 치유력을 높이는 자연건강법이다.

현재 우리는 풍요로부터 오는 부작용이 더 많은 세상에 살고 있다. 피부도 별반 다르지 않다. 피부를 감싸고 있는 피부세포는 수분 증발을 막기 위해 스스로 천연 보습인자를 생산하도록 되어 있다. 피부의 최외곽에 존재하는 각질층에는 세포들을 단단히 붙여주는 풀 역할의 세포 간지질이 존재하는데, 이는 기본적으로 수분 증발을 막고 외부의 화학물질이나 이물질이 쉽게 침입하지 못하게 한다. 이를 기반으로 각각의 세포는 28일 주기의 피부 신진대사 사이클을 유지하며 건강한 피부 상태를 유지시킨다.

이러한 피부의 메커니즘은 태어나면서부터 자연스럽게 가동된다. 하지만 과도한 화장품 사용으로 인한 유해화학물질 흡수, 잦은 레이저 시술, 같은 환경오염(미세먼지) 등이 피부에 유해인자로 작용하며 피부 건강을 해친다.

어떤 문제를 해결하고자 할 때 가장 먼저 1차 원인을 제거하는 것처럼 피부문제 역시 필요 이상 축적된 유해인자를 없애는 것이 먼저다. 유해인자가 차고 넘치는 피부를 깨끗이 비움으로써 세포감각을 깨우고 피부세포 본연의 순기능을 되찾아야 한다.

지금 트러블이 많다면, 좋은 안색을 갖고 싶다면, 피부 노화가 걱정돼 좋은 화장품을 찾아 헤매고 있다면, 피부재생법이 간절하다면 피부 디톡스부터 시작해 보자.

🕊 채우기 전에 비우자 2탄: 화장품 디톡스

20~49세 사이의 우리나라 여성 1,500명을 기준으로 조사한 〈2018년 뷰티 트렌드 리포트〉에 따르면 이들이 아침에 사용하는 폼 클렌징 제품은 평균 1.4개, 저녁에는 2.2개인 것으로 나타났다. 이들은 수분 보충

제품을 필수적인 것으로 인식하고 있으며, 그밖에 안티에이징과 탄력 라인에도 관심이 높은 것으로 나타났다. 이를 반영하듯이 스킨을 비롯한 로션, 크림 등 평균 5개의 스킨케어 제품을 사용하며, 화이트닝, 재생, 트러블 등 2~3개의 기능성 제품을 추가 사용하는 것으로 조사됐다. 또 민감성 제품의 사용량 역시 전년 대비 5.6% 증가했다.

위의 데이터를 분석해 보면 우리나라 사람들의 화장품 의존도가 상당히 높다는 사실을 확인할 수 있다. 피부 개선을 위해 사용하는 화장품이 이렇게 많은데 오히려 악화되기만 하는 이유는 도대체 무엇일까?

개인별로 여러 가지 요인이 작용하겠지만 지나치게 많은 화장품 사용이 큰 영향을 끼치는 것으로 판단된다. 이제 화장품 의존도를 낮추고 피부 디톡스를 실천해 피부 재생력을 높이는 구체적인 방법을 알아보자.

_클렌징 제품 사용 줄이기

아침에 클렌징 제품을 사용하지 않고 자는 동안 배출된 피지를 물로만 씻어내 피지 생산 능력을 인위적으로 낮추지 않는 것이다. 또 저녁에는 메이크업, 미세먼지, 배기가스 등을 약산성 비누만으로 제거하는데 되도록 이중세안은 하지 않는 것이 좋다.

일반적으로 화장품을 바르면 자신의 촉촉하다고 느끼게 되는데 이는 착각이다. 화장품의 끈적임으로 인해 피부가 건조함을 느끼지 못하는 것뿐이다. 실제로 피부에 화장품을 바르지 않으면 3~5일 정도는 건조함 때문에 불편할 수 있다. 보통 피부 보호막이 회복될 때까지 건조함을 느끼게 되는데 이 시기만 잘 넘기면 건조함이 해소되는 것은 물론 피부가 매우 건강해졌음을 몸소 느낄 수 있다.

이를 3~7일 정도 시행한 후 다시 화장품 사용량을 조금씩 늘리며 이전보다 화장품 사용량을 줄이는 습관을 들이면 된다.

화장품 의존증이 높았던 사람이 갑자기 화장품을 중단하거나 줄이면 다양한 양상의 피부 트러블이 생길 수 있다. 피부 건조증과 지루성 피부염이 대표적이다.

피부 건조증은 화장품의 크림이나 클렌징 제품 등에 포함된 계면활성제가 자가 보습인자를 형성하는 수용성 천연보습인자와 지용성 보습인자의 균형을 무너뜨린 상태에서 자가 회복되면서 겪는 일반적인 현상이다.

지루성 피부염은 화장품에 포함된 방부제 때문에 나타나는 현상이다. 방부제는 피부에 존재하는 상재균을 줄이고 피부에 이롭지 않은 균들을 이상 증식시키는데, 이것이 트러블로 나타난다. 결국 근본적인 피부 개선 방법은 방부제 사용을 줄임으로써 피부 상재균을 회복시켜 면역력을 높이고 자가 보습력을 끌어올리는 것뿐이다.

중증 아토피나 알레르기성 피부염을 앓고 있는 이들이 피부 디톡스를 적극적으로 실천하는 것은 무리다. 이 경우 피부과 치료를 병행하면서 화장품 사용량을 점차 줄이는 것이 현명한 방법이다.

🌿 채우기 전에 비우자 3탄: 진짜 디톡스 화장품이 있긴 한 거야?

인터넷에 '디톡스 화장품'을 검색해 보면 제품 소개는 물론 광고성 후기도 쉽게 확인할 수 있다. 일부 화장품 회사에서는 디톡스라는 단어가 주는 신선함과 기대감을 내세워 소비자 반응을 유도한다. 디톡스 화장품을 사용하는 것이 꼭 피부건강을 위한 합리적인 선택인 양 착각하게 만든다. 이들 제품을 사용하면 디톡스가 되는 걸까?

결론부터 말하자면 화장품 디톡스는 진정한 의미의 피부 디톡스가 아니다. 화장품 회사들은 일부 디톡스 개념만을 골라 제멋대로 '뷰톡스 Beauty-detox'와 같은 신조어를 만들어냈다. 이는 '내면의 아름다움을 가꾸는 이너뷰티를 통해 피부의 근본문제를 해결해야 한다'는 내용이다.

광고 문구만 보면 꽤 공감이 되는 것은 물론 올바른 화장품인 것처럼 느껴지기까지 한다. 하지만 화장품으로 디톡스를 한다고? 아쉽게도 이들이 홍보하는 뷰톡스는 우리가 기대하는 디톡스와는 다른 개념인 듯하다.

우리가 쉽게 접할 수 있는 뷰톡스 제품에는 클렌징 제품이 있다. 클렌징크림, 폼 클렌징, 심지어는 클렌징 비누에 이르기까지 디톡스의 효능을 앞세워 일반 클렌징 제품보다 훨씬 비싼 가격으로 판매되고 있다. 이 제품들은 노폐물 배출을 강조하며 해독에 대한 기대감을 상승시킨다. 하지만 이 제품들 역시 세정이 목적이기 때문에 계면활성제가 주성분인 일반 클렌징 제품과 크게 다르지 않다.

또 디톡스 딥 클렌징, 디톡스 각질 제거 등의 효능을 자랑하는 제품도 AHA^{Alpha Hydroxy Acid}나 BHA^{Beta Hydroxy Acid}를 주성분으로 한 기존 제품과 크게 다르지 않다. 피지 흡착, 모공 청소, 안색 정화 등을 내세워 판매되는 디톡스 크림 마스크나 디톡스 시트 마스크도 마찬가지다. 피지 조절과 과각질을 흡착해 제거하는 기존의 화장품과 성분 및 효능이 크게 다르지 않다.

심지어 피부 속과 겉의 독소를 제거해 투명하고 환하게 만들어 준다는 디톡스 화이트닝 화장품도 있는데 이쯤 되면 디톡스를 디톡스 해주는 화장품도 나오는 건 아닌지 걱정이다.

🕊 채우기 전에 비우자 4탄: 림프 마사지

부종의 다양한 원인 중 가장 큰 부분을 차지하는 것은 화장품 남용이다. 이번에는 한 푼도 들이지 않고 얼굴의 독소를 배출할 수 있는 '셀프 얼굴 림프Lymph 마사지'에 대해 알아보자.

림프란 우리 몸에 존재하는 면역기관 중 하나다. 림프액은 림프관을 따라 체내 노폐물, 대사산물, 피로물질 등과 함께 흐르다가 림프절에서 유해물질들을 걸러낸다. 우리 몸에는 보통 400~500개의 림프절이 있고 많은 경우에는 1,500개나 된다. 이 중 가장 핵심적인 림프절은 목, 겨드랑이, 샅굴아랫배의 벽을 이루는 근육 층 사이에 남자에게는 정삭, 여자에게는 자궁 원인대가 놓여 있는 길 부위 세 곳이다.

특히 얼굴 독소 배출을 위한 림프절은 5개 정도로 정리할 수 있는데 템포라리스Temporalis, 관자놀이에 움푹 들어간 부분, 파로티스Parotis, 귀 앞부분으로 상악골과 하악골의 중간에 위치한다. **, 앵글루스** Angulus, 하악골, 턱이 끝나는 부분, **프로판더스** Profundus, 귀 뒤쪽 홈폭

들어간 부분, **터미누스** Terminus, 쇄골 위쪽의 가장 들어간 부분이다. 이 부분을 집중적으로

마사지함으로써 노폐물을 배출하고 피부 건강을 되찾아보자.

_셀프 얼굴 림프 마사지 시 주의 사항

① 마사지하기 전 깨끗하게 세안해 피부 노폐물과 잔여물을 없앤
   다.

② 맨 살에 마사지를 하면 피부가 예민해질 수 있으니 중요한 5개의
   림프절에 유기농 아로마나 바셀린을 소량 발라준다.

③ 마사지할 때는 힘을 빼고 최소한의 압력으로 시행한다.

④ 마사지하는 방향은 얼굴 중앙에서 바깥쪽, 귀 앞쪽에서 귀 뒤쪽,
   목 뒤쪽에서 쇄골쪽이다.

_셀프 얼굴 림프 마사지 방법

다음의 설명을 따라 한 번에 10~20회씩 마사지하며 3세트 진행한다.

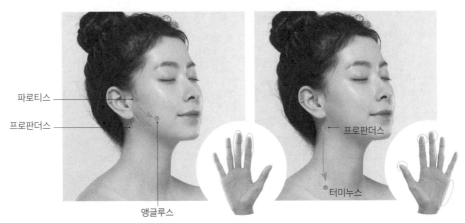

파로티스 —
프로판더스 —

앵글루스

프로판더스 —

터미누스

1. 귀를 중심으로 검지와 중기를 걸은 뒤 파
   로티스, 앵글루스, 프로판더스를 자극하면
   서 위에서 아래 방향으로 쓸어 내려준다.

2. 고개를 45도 각도로 돌린 후 반대편 손날
   을 이용해 프로판더스에서 터미누스 쪽으
   로 쓸어 내린다. 그리고 쇄골 안쪽과 아래
   쪽을 손가락 끝을 이용하여 펌핑한다. 반
   대편도 교차로 시행한다.

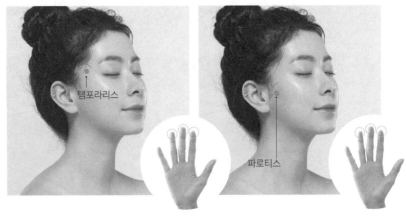

템포라리스

파로티스

3. 검지, 중지, 약지 세 손가락 끝을 이용하여
   템포라리스를 둥글게 자극한다. 방향은 안
   에서 바깥 방향이다.

4. 검지, 중지, 약지 세 손가락 끝을 이용하여
   파로티스를 둥글게 자극한다. 방향은 안에
   서 바깥 방향이다.

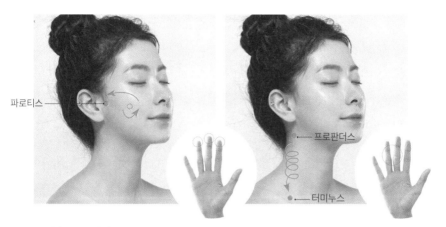

5. 검지, 중지, 약지 세 손가락 끝을 이용하여 광대뼈 밑 홈이 파인 부분을 안에서 바깥쪽으로 자극하며 파로티스 쪽으로 모아준다.

6. 손가락의 넓은 면을 이용해 프로판더스에서 터미누스까지 원을 그리며 내려온다.

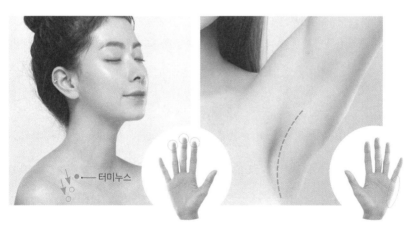

7. 손가락 끝을 이용해 터미누스를 중심으로 쇄골 안쪽과 아래쪽을 펌핑한다. 총 세 번 시행한다.

8. 팔을 들고 손날을 이용해 겨드랑이의 움푹 파인 곳을 가볍게 50회 이상 두드려 준다.

Fact

벗겨내야 할 각질,
소중히 다뤄야 할 각질

이태리에는 없고 대한민국에만 있다는 이태리타월! 흔히 '때수건'이라고도 불리는 이 물건은 우리나라 목욕 문화를 대변해준다. 이태리타월은 1967년 부산에서 직물공장을 운영하는 김필곤 사장이 개발한 발명품으로 이때 사용된 비스코스레이온섬유가 이태리제이기 때문에 붙여진 이름이다. 면이 오톨도톨하게 만들어진 때수건의 발명은 목욕관리사라는 신규 직업도 양산했고, 우리나라를 찾게 만드는 여행 상품으로 발전하기까지 했다. 때수건이 다양한 측면에서 경제적으로 큰 역할을 했다고 해도 지나친 말은 아닐 것이다.

켜켜이 묵은 때를 벗겨내면 청결과 함께 찾아오는 나른한 쾌감은 정신 건강에 긍정적인 행위임에 틀림없다. 하지만 문제는 어디까지 벗겨내야 할지 도무지 헷갈린다는 점이다. 화장품 회사에서 광고하듯이 일주일에 한 번씩 필수적으로 각질을 제거해야 하는 걸까?

🕊 각질, 꼭 제거해야 할까?

흔히 때라고 일컫는 각질이 무엇인지부터 알아보자. 일반적으로 피부는 표피와 진피로 이뤄졌으며 이 중 표피는 4개 층(내측부터 기저층, 유극층, 과립층, 각질층)으로 구분할 수 있다. 표피의 최외각에 있는 세포층을 각질층이라고 하는데 불필요하다고 치부해 버리기 쉽지만 사실 각질은 케라틴이라는 단백질의 일종이다. 각질은 피부, 모발, 손톱의 상피세포를 구성하는 주요 구조물질로 피부의 최외각에서 체내 수분 및 전해질 손실을 막고 외부 환경으로부터 인체를 보호하는 장벽 기능을 수행한다.

정상 피부에서는 대략 28일을 주기로 턴오버가 이루어진다. 진피층에서 만들어진 세포가 각질층까지 올라오며 죽은 세포가 되고, 자연스럽게 탈락되는데 이것이 각질의 생성 과정이다. 각질세포는 손톱, 발톱, 털처럼 상피세포이다. 일반적으로 상피세포는 단일층이 아닌 대략 15~25겹의 정상층으로 이뤄져 있지만 다양한 원인으로 인해 피부 재생 주기가 길어지면 25~30겹의 각질층을 형성하게 된다.

여기서 중요한 것은 각질 제거의 목적이 정상 두께를 이루고 있는 각질층을 모두 없애는 것이 아니라 과잉으로 생긴 몇 겹만 제거하는 것이라는 사실이다. 즉 화장품 회사에서 광고하는 것처럼 일주일에 한 번씩 각질을 제거할 필요는 없다.

현재 당신의 피부가 정상이라면 각질 정리제를 지나치게 사용함으로써 각질층을 얇게 만드는 어리석은 행동은 삼가야 한다. 특히 아토피 피부, 알레르기성 피부, 민감성 피부의 경우 이미 각질층의 두께가 얇아 피부장벽이 약해진 상태이기 때문에 더더욱 피해야 한다. 각질층은 유해인자가 피부를 침범할 때 막아내는 일차 방어선 역할을 하기 때문이다. 지나친 피지 생성으로 인해 각질층이 두껍게 형성되는 지성 피부나 여드름 피부의 경우 AHA나 BHA를 이용해 도움을 받을 수는 있겠지만 이 역시 일주일에 한 번씩이라는 공식을 지켜야 하는 것은 아니다.

Tip. AHA와 BHA

AHA는 상한 우유나 과일에서 추출해 '과일산'이라고도 불린다. 화장품에 주로 쓰이는 성분은 글라이콜릭애씨드^{Glycolic Acid}, 락틱애씨드^{Lactic Acid}, 말릭애씨드^{malic acid}, 시트릭애씨드^{Citric Acid}, 타타릭애씨드^{tartaric acid} 5종류인데 이 중 글라이콜릭애씨드, 락틱애씨드가 많이 쓰인다.

산으로 각질 사이의 연결고리를 제거해 피부 각질을 연화시켜 죽은 세포를 탈락시키는 방식이다. 수용성이기 때문에 표피에 작용하며 건성 피부가 사용하면 좋다. 또 자외선으로부터 자극 받아 표피가 두꺼워진 손상 피부나 화장품 남용으로 인해 과각질화된 피부에도 추천한다.

이 성분들은 화장품뿐 아니라 피부과에서 사용하는 박피 제품에도 활용되는데 대부분 농도 차이를 이용한다. 일반적인 화장품의 AHA농도는 2~10% 정도이다. 처음부터 고농도를 사용하면 피부 자극을 일으켜 염증이 발생할 수 있기 때문에 각별히 유의해야 한다.

BHA는 살리실릭애씨드^{salicylic acid}의 한 종류다. 지용성이며 AHA보다는 자극이 덜하고 표피는 물론 모공 침투력도 높다. 따라서 모공 내 각질과 노폐물 제거, 모공 청소에 탁월하다.

BHA는 표피의 각질과 함께 모공 안의 피지도 녹이기 때문에 지성 피부와 블랙헤드가 많은 피부에 적합하다. 또 항염 기능과 항박테리아 기능이 있어 여드름이 많은 피부에도 효과적이다.

하지만 AHA에 비해 표피 각질 제거 기능이 떨어지기 때문에 고농도로 사용해도 큰 효능을 기대하기는 어렵다. BHA 제품을 처음 사용하는 사람이라면 0.5% 농도로 시작하는 것이 좋고, 지성 피부나 블랙헤드, 여드름으로 고생하는 사람이라면 1~2%를 추천한다.

Fact

바르기만 하면 길어진다?
속눈썹 영양제의 진실

누구나 길고 아찔하게 컬링된 속눈썹을 갖고 싶어 한다. 이런 심리를 저격하는 화장품이 바로 속눈썹 영양제, 속눈썹 발모제다. 이들 제품은 대부분 바르기 전과 후의 속눈썹 길이 비교 사진을 통해 '100% 리얼 후기'라고 강조한다. 심지어 유효 성분을 모낭층까지 효율적으로 흡수 시킨다는 홍보 문구까지 등장했는데 정말이라면 기대효과를 떠나 눈 건강을 해치는 위험한 발상이 아닐 수 없다.

🌿 속눈썹 증모제와 속눈썹 영양제의 차이

보통 짧은 속눈썹을 길게 만들기 위해 사용하는 제품이 속눈썹 증모제와 속눈썹 영양제다. 먼저 속눈썹 증모제는 속눈썹의 숱이 적고 짧거나 감모증_{모발의 발육 감퇴 증상}을 겪는 환자에게 의사가 처방하는 전문 의약품이다. 일부 녹내장약 복용 환자에게서 속눈썹이 길어지는 현상이 나타나자 이를 미용 목적으로 발전시킨 제품으로 생장기 속눈썹을 늘리고 휴지기 속눈썹을 줄이는 원리이다. 하지만 치료를 중단하면 원상태로 돌아와 지속적인 속눈썹 성장을 기대할 수 없다. 또 욕심을 부려 약을 권장량 이상 바른다고 해서 속눈썹이 더 성장하는 것도 아니다. 따라서 의사의 처방과 지시에 따라 정해진 용법과 용량을 지켜야만 충혈, 가려움, 눈꺼풀 변색 등의 부작용을 최소화할 수 있는 전문 의약품이다.

속눈썹 영양제는 속눈썹 에센스 또는 세럼으로도 불리며 화장품으로 분류된다. 이는 의약품처럼 속눈썹 성장을 촉진시키는 것이 아니라 속눈썹에 비타민이나 펩타이드 같은 영양분을 공급해 쉽게 빠지지 않도록 도움을 주는 제품이다. 얇고 갈라지는 모발에 팩을 하거나 영양 성분을 공급해 모발이 더 이상 약해지지 않게 돕는 원리라고 생각하면 이해하기 쉽다.

그런데 사실 속눈썹 영양제는 코팅을 통해 속눈썹을 길어보이게 하고, 빠지는 기간을 약간 연장시켜 착각하게 만드는 것뿐이다. 또 화장품 회사에서는 식물성 추출 성분을 사용해 안전하다고 소비자들을 안

심시키지만 이 역시 장기간 보관해야 하는 화장품으로 방부제의 유해성으로부터 자유로울 수 없다.

현재 인터넷에서는 속눈썹 증모제와 영양제가 동일한 용어처럼 사용되면서 소비자들의 혼란을 부추기고 있는데 이 둘은 성분도 작용 원리도 전혀 다르다. 속눈썹 영양제는 속눈썹 성장을 돕는 의약품이 아니라 속눈썹에 영양 성분을 제공해 건강한 속눈썹을 유지하도록 돕는 화장품일 뿐이다.

Fact

아찔한 인조 속눈썹, 과연 눈 건강엔?

속눈썹 연장술이란 말 그대로 속눈썹에 인조 속눈썹을 가닥가닥 붙여 연장하는 기술로 매일 마스카라를 하거나 일회용 속눈썹을 사용해온 여성들에게 그야말로 혁신적인 아이템이다. 한 번 붙이면 수주에서 수개월까지 유지할 수 있다.

사람마다 차이는 있지만 속눈썹은 일반적으로 하루에 0.18mm 정도 자라며 머리카락이 자라는 속도의 1/2정도다. 머리카락과 마찬가지로 생장기, 퇴행기, 휴지기를 거쳐 자라고 빠지고 보충되는 과정을 되풀이한다. 속눈썹은 외부의 땀과 먼지로부터 눈을 보호해야 하기 때문에 최적의 길이를 유지하도록 진화됐다. 따라서 마냥 길다고 좋은 것이 아니다. 눈을 보호하기 위한 최적의 길이를 유지해야 한다.

🕊️ 속눈썹 연장술의 치명적인 단점

속눈썹 연장술의 치명적 단점은 빠질 시기가 아닌 본래의 속눈썹까지 빠진다는 것이다. 속눈썹을 연장하기 위해서는 속눈썹 모근에서 1mm 정도 떨어진 곳에 접착제로 인조 속눈썹을 붙여야 하는데 지나치게 가까이 붙이면 인조 속눈썹의 무게를 이기지 못해 모근이 약해지면서 본래 속눈썹까지 빠지고 만다. 속눈썹 전문가들은 한 올 한 올 인조 속눈썹을 올려서 연장하기 때문에 퇴행기를 맞은 속눈썹이 자연스럽게 빠지는 것이라고 주장하지만, 길이가 서로 다른 데다 가늘기까지 한 속눈썹에 인조 속눈썹을 한 올 한 올 자로 잰 듯 올리기란 불가능에 가깝다. 실제로 연장 후 빠진 본래 속눈썹에는 접착제로 덕지덕지 붙인 인조 속눈썹이 붙어있음을 쉽게 확인할 수 있다.

게다가 지속적인 속눈썹 연장으로 인해 각막염, 결막염 진단을 받거나 안구 손상을 입는 사례가 종종 발생하고 있다. 전문가들은 이 문제가 속눈썹 연장 시 사용되는 접착제 때문이라고 지적하고 있다.

몇 년 전 한국소비자위원회가 속눈썹 접착제의 위해성에 대해 조사한 결과, 대표적인 발암물질인 포름알데히드와 톨루엔Toluene이 기준치를 훨씬 초과하는 것으로 보고돼 충격을 줬다. 이 성분들은 피부 접촉이나 호흡기 흡입을 통해 신경계 장애를 일으키는 발암물질이기 때문에 화장품 원료로 사용하는 것이 금지됐다. 그런데 이를 얼굴 중 가장 민감한 눈가에 미용 목적으로 사용하고 있다니, 씩씩함을 넘어 무모하기 이를 데 없다.

경험자들은 공감하겠지만 속눈썹을 연장하면 눈가를 깨끗이 씻을 수 없다. 혹시라도 연장모가 떨어질까 조심조심 세안하다보니 먼지 및 이물질 제거도 쉽지 않다. 이 때문에 속눈썹이 엉키거나 눈곱이 자주 끼는 불편도 비일비재하다.

속눈썹 연장모의 종류는 실크모, 밍크모, 벨벳모 등 다양하다. 하지만 이들은 천연모가 아니라 플라스틱으로 만들어진 합성 섬유다. 천연모를 그대로 사용할 경우 소비자가 원하는 모양과 컬을 절대 유지할 수 없다. 때문에 화학 접착제와 합성 플라스틱을 이용해 눈 건강을 해치게 된다.

Fact

화장품의 영역 확장,
청결제

화장품의 영역은 과연 어디까지 확장될까? 어느 순간 화장품 진열대에서 보이기 시작한 여성청결제. 최근 들어서는 이에 질세라 남성청결제도 등장했다. 단순히 씻는다는 개념에서 벗어나 기능성을 부여한다는 여성청결제. 정말 여성의 질 건강에 도움이 될까?

🌿 여성청결제가 질 건강에 도움이 된다고?

여성청결제는 '여성들이 외음부를 씻는 데 사용하는 제품'으로 정의돼 있다. 즉 외음부의 청결을 위해 사용하는 일반 화장품이며, 사용 후 씻어내는 세정제 용도이다. 여성의 자궁과 외부를 연결하는 생식기관인 질의 내부는 점막으로 이뤄져 있고, 흔히 여성의 속옷과 맞닿는 부위는 외음부라고 지칭한다.

우리가 사용하는 청결제는 외음부만을 세정할 수 있다. 여성의 질 감염 치료 및 세정의 목적으로 의사의 진단 아래 사용해야 하는 의약품 질 세정제와 혼동해선 안 된다.

🌿 여성청결제의 기능

여성의 질 내부는 pH4.5~5.5 정도의 산도를 유지하면서 자정 작용을 통해 정상 시스템을 유지한다. 하지만 스트레스를 받거나 면역력이 떨어지면 산도의 균형이 깨지면서 세균이나 곰팡이 등으로 인한 부인과 질환을 일으킨다. 또 알칼리성을 띠는 비누나 바디클렌저를 자주 사용하거나 합성 생리대를 착용해 외음부가 습해진 경우, 질염 치료를 위한 항생제 사용 등이 질 내부환경을 무너뜨리는 원인으로 지적된다.

여성들의 질 건강이 이슈화되면서 화장품 업체들은 여성청결제를 앞다퉈 출시하기 시작했다. 이들은 하나 같이 질 내부 pH밸런스 도움, 약산성 조절 기능, 피부 탄력에 도움, 피부 보습, Y존 불쾌한 냄새 제거, 산뜻한 향 등의 문구를 내세워 마치 질 건강을 위한 의약품처럼 홍보하기에 여념이 없다.

하지만 앞서 얘기했듯이 여성청결제는 속옷에 닿는 부분 외음부 세정 기능 이상의 역할은 없다. 더구나 사용 후 물로 깨끗이 씻어야 하기 때문에 제아무리 좋은 성분이 들어 있어도 세정 이상의 역할을 기대하기 어렵다.

일반적인 화학물질 피부흡수율을 살펴보자. 팔 안쪽을 1이라고 기준했을 때 생식기는 42에 달한다. 특히 외음부는 습한 환경에 있기 때문에 흡수율이 높을 수밖에 없다. 실제로 미국에서 발표한 〈여성 외음부 피부의 구조와 흡수율〉에 관한 보고서를 보면 외음부 바깥쪽과 팔뚝 피부에 각각 스테로이드 물질을 흡수시킨 결과, 외음부 바깥쪽의 흡수율이 팔뚝 피부보다 무려 6배 더 높았다고 보고됐다.

현재 시중에서 판매되는 여성청결제의 성분을 살펴보면 정제수를 기반으로 계면활성제, 글리세린, 천연 유래 성분, 향료, 멘톨 등이 추가 함유돼 있다. 여성청결제 생산 업체에서는 대부분 천연 유래 계면활성제를 사용하기 때문에 인체에 무해한 것처럼 홍보하고 있지만 결국 화학 공정을 통해 배합된 것에 불과하다. 결코 천연 화장품이 아니다.

게다가 순한 약산성 제품으로 질 내부의 산도를 보호한다고 설득하지만 단지 씻어내는 용도일 뿐 질 내부에 작용할 수 없다. 당연히 여성청결제가 여성 외음부의 피부 탄력이나 보습에 도움을 준다는 주장에도 설득력이 없다.

또 업체에서 제공하는 임상실험결과보고서 중 피부 자극 판정 결과 혹은 피부첩보 일차자극 0.000이라는 숫자를 보면 왜 일반 피부에 실험한 결과를 여성청결제에 적용하는 건지 묻고 싶다. 또 여성청결제가 제공하는 산뜻한 향이 천연 유래향이든 인공향이든 향료라는 점에는 변함이 없다.

결론적으로 여성청결제가 여성질환을 예방한다는 데에는 어떠한 근거도 없다. 뿐만 아니라 청결제를 지나치게 자주 사용하면 질이 건조해져 오히려 건강을 해칠 수 있다. 건강한 Y존을 위해서는 흐르는 물로 씻기, 면 속옷 착용하기, 꽉 조이는 옷 피하기, 물로 씻은 뒤 자연 건조시키기 등의 생활습관을 들이는 것이 현명한 방법이다.

🕊 남성청결제 VS 일반 세정제

여성청결제의 폭풍출시에 맞서 남성청결제도 다양한 형태로 시장에 쏟아져 나오고 있다. 여성청결제가 여성의 외음부 청결을 위한 것이라면 남성청결제는 남성의 사타구니에서 기인하는 불편 해소 또는 예방을 위해 사용된다. 사타구니는 '샅'이라고도 불리며 두 다리 사이를 가리킨다. 구체적으로는 좌우의 대퇴부 밑에 있는 하복부의 삼각형 부분으로 일명 샅굴 부위를 말한다. 과연 여성 외음부와 남성 사타구니에 적용되는 청결제는 어떻게 다를까?

남성청결제를 홍보하는 문구를 보면 Y존 딥 클렌징, 악취 제거, pH5.5 약산성, 보습 효과, 쿨링 효과 등을 내세우면서 제품 효능을 어필한다. 남성들의 악취 고민 해소와 청결을 위한 필수품이라며 악취의 원인인 스메그마^{Smegma}, 즉 귀두지를 제거해 준다고 한다. 또 남성의 신체 조건상 음낭 때문에 사타구니 주변이 습하고 통풍이 쉽지 않아 각종 유해세균에 취약할 수밖에 없는데 이 점을 파악하고 어필한다. 이렇듯 남성청결제의 주된 목적은 사타구니와 외음부의 악취 발생 물질의 제거를 도와 청결을 유지하는 것이다.

이름도 생소한 스메그마는 일반적으로 귀두의 오목한 부위에 쌓이는데 이는 죽은 피부세포와 분비물 등이 섞인 것이다. 특히 소변의 암모니아나 점막 분비물과 결합하면 더 심한 악취를 발생시키는 것으로 알려졌다. 여기에는 치구균$^{Mycobacterium \, smegmatis}$이라는 세균이 관여한다. 또 남성의 사타구니는 여성에 비해 아포크린샘이 발달해 땀과 냄새를 유발한다. 때문에 세징에 더욱 신경 써야 한다. 그런데 남성청결제의 어떤 성분이 스메그마를 제거해 준다는 걸까?

남성청결제 판매 업체의 설명에 따르면 스메그마는 비누나 바디 세정제로는 씻어내지 못하기 때문에 별도의 제품(남성청결제)이 필요하다고 한다. 이 문구만 보면 악취 발생의 원인인 스메그마를 제거해 준다는 것으로 이해되지만 정작 화장품 성분표를 자세히 살펴보면 일반 세정제와 다를 바 없어 실망을 감출 수 없다.

이들 제품은 대부분 정제수를 기본으로 소듐코코일애플아미노산이나 코코글루코사이드 등 천연 유래 계면활성제 및 거품 형성 성분, 각종 천연 추출물, 청량감을 주는 멘톨 성분, 산패방지제 등으로 이루어졌다. 이 때문에 '자극 없이 세정', '풍부한 거품'이라는 문구로 홍보 가능한 것이다.

이에 따르면 결국 천연 유래 계면활성제를 기반으로 만들어진 세정제일 뿐 어디에도 남성 악취의 원인인 스메그마를 효율적으로 제거하는 성분을 찾을 수 없다. 따라서 스메그마의 원인 중 하나인 치구균에 관한 논의는 아무 의미가 없다. 여성청결제와 남성청결제는 성분 함량을 차치하고라도 성분 자체가 다를 바 없다.

더욱이 업체에서 확보하고 있다는 자체 특허 성분을 자세히 보니 남성 사타구니나 외음부에 특화된 성분이 아니라 '민감성 피부에 유용한 식물추출물 조성' 또는 '피부 개선용 화장수' 특허일 뿐이다.

또 하나, 남성청결제를 발의 피로와 냄새 제거, 겨드랑이 등 연약한 피부에 활용하라고 설명하기도 하던데 이는 해당 제품이 일반세정제와 다를 바 없음을 스스로 확인시켜준 셈이다.

Fact

5장

쓱싹 바르면

안티에이징이

된다?!

Fact

화장품의 고가 성분,
과연 제대로 흡수되긴 하는 걸까?

언젠가 화장품 업체 대표와 함께하는 자리가 있었다. 새로운 화장품을 출시했는데 세포 재생을 돕는 세포성장인자EGF Epidermal Growth Factor가 경쟁사와 비교해 월등히 높은 함량을 차지한다며 흥분을 감추지 못하는 눈치였다.

"대표님! EGF가 피부에 그대로 흡수되면 날마다 새로운 세포가 자라서 헐크처럼 바위만 한 얼굴이 되지 않겠어요?"

말을 잇지 못하는 대표를 보며 너무 직설적으로 말한 건 아닐까 조금 미안했다.

아직도 화장품 회사들은 줄기세포를 비롯해 EGF, 콜라겐, 캐비아 등

고가의 성분을 내세우면서 노화를 예방해 준다고 소비자들을 설득한다. 함량을 논하기도 민망할 정도의 극미량은 둘째치고 진짜 피부 속까지 흡수돼 노화에 영향을 미칠 수 있을까?

고가 성분의 피부 흡수율

화장품 업계에서는 미백, 주름, 항산화, 항노화 등 기능성 화장품의 신소재 개발은 물론 실제로 피부에 적용했을 때의 경피 흡수율을 높이기 위해 노력한다. 하지만 치밀한 구조로 겹겹이 쌓인 강력한 피부장벽을 뚫고 피부 깊숙이 흡수된다는 것은 상상 속에서나 가능한 일이다.

제품마다 차이가 있지만 일반적으로 화장품의 피부 흡수율은 1~3% 정도에 불과하다. 피부는 자체 방어벽이 높아 외부물질을 그대로 흡수하지 않는다. 외부의 독성으로부터 몸을 보호하는 본능적인 방어 기제라고 볼 수 있다. 화장품은 핵심 성분이 천연이든 유기농이든 필연적으로 화학반응을 통해 만들어진다. 그런 화학 성분들이 가감 없이 피부에 흡수된다고 가정해 보자. 얼마나 위험하겠는가?

2000년 국제학술지에 실린 논문 〈The 500 Dalton rule for the skin penetration of chemical compounds and drugs〉에 따르면 약물이

든 화장품이든 500돌턴^{Dalton, 질량의 단위} 이하일 때 피부에 흡수시킬 수 있다. 원자 하나의 질량을 12돌턴으로 정의하는데 쉽게 말하자면 원자의 크기를 나타내는 단위라고 생각하면 된다. 세포 성장에 도움을 주는 EGF의 경우 최소 크기가 6,000돌턴이며, 우리가 잘 알고 있는 콜라겐은 일반적으로 30만 돌턴 정도 된다. 색소 침착에 도움을 주는 비타민C는 약 1만 8,000돌턴이기 때문에 피부에 아무리 많이 바른다고 해도 흡수시키기 어렵다.

이처럼 수치만 봐도 피부 흡수를 위한 조건과는 거리가 멀다는 사실을 알 수 있다. 고가 성분에 흔들리지 말고 차라리 흡수율을 높이는 데 정성을 들이는 것이 낫다.

일단 죽은 각질이 쌓인 각질층을 부드럽게 제거하고, 화장품의 유효 성분 흡수를 돕는 피부 환경을 만들자. 표면 온도가 높아질수록 흡수율에 도움을 주니 스팀타월을 이용해 모공을 열어주고, 주기적으로 얼굴을 마사지해 혈액 순환을 촉진하면 화장품 흡수율 향상에 도움이 된다.

Fact

아이크림의 값비싼
환상에서 벗어나자

건강하고 아름다운 눈에 대한 관심 정도는 고가 기능성 화장품의 대명사인 아이크림만 봐도 알 수 있다. 대부분의 소비자들은 아이크림은 최신 과학기술과 특별 성분을 융합해 눈가 주름 개선만을 목적으로 만들기 때문에 비싸고 좋다고 여기는 경향이 있다. 심지어 어떤 화장품 광고에서는 나이대별로 다른 아이크림을 사용해야 한다고 권장하기까지 한다. 여기에는 혁신적인 성분을 함유해 깊은 주름도 완화된다는 기적 같은 이야기가 담겨 있다. 홈쇼핑 모델이 아이크림을 얼굴 전체에 듬뿍 바르는 장면을 떠올려보자.

하지만 이런 아이크림의 값비싼 환상은 결국 허상에 불과하다. 프랑스의 화장품 평론가 폴라 베곤Paula Begoun은 "아이크림의 성분 구성은 다른 기초 제품의 성분과 다를 것이 전혀 없으며 특별한 제조공법을 가지고 있다는 증거나 자료, 연구는 어디에도 존재하지 않는다"고 말했다.

❥ 성분표는 진실을 알고 있다

아이크림의 진실을 알고 싶다면, 지금 당장 화장대 위에 놓여 있는 아이크림의 구성 성분을 살펴보자. 화장품 전 성분 표시제에 따라 제품에 사용된 모든 성분이 함량순으로 기재돼 있다.

아이크림의 구성 성분을 살펴보면 가장 많이 사용된 성분은 단연코 정제수다. 이어 수분 증발을 억제하기 위한 유분 성분, 그리고 정제수와 유분을 잘 섞이게 하는 기타 화학물질도 포함된다. 또 주름 완화에 기적적인 효과를 발휘한다는 특정 성분들이 아주 미미하게 포함돼 있음을 확인할 수 있을 것이다. 구성 성분에 대한 객관적인 자료 분석만으로도 아이크림과 일반 크림이 크게 다르지 않다는 사실이 입증된 셈이다. 그렇다면 화장품 회사에서 주장하는 눈가 주름 완화, 다크서클 및 부기 제거와 같은 효능의 진실은 무엇일까?

눈가 피부 두께는 0.04mm 정도로 다른 피부보다 2~3배 얇다. 또한 피지선이나 땀샘이 덜 발달돼 천연 보호막 기능이 떨어지고, 쉽게 건조해지기 때문에 외부 환경으로부터 가장 취약한 부분이다. 이처럼 가장 민감한 눈가에 쓰는 아이크림에 널리 검증되지 않은 성분 혹은 신물질을 사용한다는 건 다소 위험할 수밖에 없다. 화장품 회사 역시 이런 이유로 기존 크림과 크게 다르지 않은 제품을 만들 수밖에 없다.

여기서 우리는 아이크림의 본래 취지에 주목해야 한다. 아이크림은 좋은 수분 성분으로 건조함을 해소시키고, 유분막을 형성해 수분 증발을 막고 노화에 대응할 수 있도록 한다. 좀 더 직설적으로 말하면 일반 크림만으로도 충분한 효과를 기대할 수 있다는 의미다.

🌿 눈가 주름 없애는 생활 속 5가지 팁

_명품 부럽지 않은 홈메이드 아이크림 만들기

집에서 쉽게 구할 수 있는 엑스트라버진 올리브 오일은 항산화 기능 외에도 체내 독소를 제거하는 능력이 탁월해 홈메이드 아이크림의 좋은 재료가 된다. 또 호호바오일은 사람의 피지와 유사한 구조로 피부 보습 및 노화 방지에 탁월한 기능이 있으며, 코코넛오일은 습진뿐 아니라 건선 치료에도 매우 유용하고 건조한 피부에 즉각적인 보습 기능을 부여한다.

이 오일 중 하나를 선택해 2~3 방울 정도 덜어낸 뒤, 일반 크림을 새끼손톱 반만큼 덜어내 혼합하면 그야말로 명품 아이크림 부럽지 않은 홈메이드 아이크림이 된다.

이 홈메이드 아이크림을 눈가에 꼼꼼히 바른 뒤 손바닥을 비벼 열을 내고 눈두덩이 위에 살포시 올려 눈의 긴장을 풀어준다. 이어 엄지와 검지로 눈을 둘러싸고 있는 뼈를 지긋이 자극하면서 안에서 바깥 방향으로 원을 그리며 3~5회 정도가볍게 압력을 가한다. 눈가를 둘러싼 근육 및 경혈을 풀어줌으로써 혈액순환이 촉진돼 눈가 노화 예방에 효과적이다. 일주일에 최소 3번 이상씩 진행해 건강한 눈가를 만들어 보자.

_워터프루프 마스카라·점막 아이라이너 안 쓰기

눈물이나 땀 심지어는 물놀이할 때도 번짐 없이 사용할 수 있다는 워터프루프 마스카라나 점막까지 채우는 아이라이너는 좀 더 선명한 눈매를 만들어줄 수는 있어도 눈 건강에는 좋지 않다. 영국 과학자들이 작은 유리판에 속눈썹 섬모충을 증식시킨 후 마스카라를 바르자 속눈썹 섬모충이 모두 죽었다는 결과를 보고하기도 했다. 점막까지 채워야 하는 아이라이너의 경우 두말할 나위 없다.

더 큰 문제는 눈 화장을 지우려면 종잇장처럼 얇은 눈가 피부에 심한 자극을 가해야 하는데 워터프루프 제품이나 점막에 사용된 아이라이너를 지울 때는 자극이 더 심하다는 것이다. 피지 분비량이 적어 외부 자극에 대한 보호력이 떨어지는 데다 다른 피부에 비해 얇은 눈가에 가혹한 세안으로 인해 2차 공격을 가하는 셈이다.

_스마트폰·모니터 등 전자파로부터 멀어지기

스마트폰을 비롯해 컴퓨터, TV 등이 방출하는 전자파는 눈의 피로와 충혈, 심지어 두통과 안구건조증을 유발하고, 눈을 과하게 비비는 나쁜 습관을 만든다. 이는 화장을 지울 때처럼 눈을 반복적으로 자극해 이미 전자파로 피곤이 누적된 눈에 더욱 선명한 눈가 주름을 만든다.

_비타민E의 400배 항산화 성분 아스타잔틴 섭취하기

눈의 피로는 곧 눈가 주름으로 이어질 가능성이 높다. 따라서 건강한 눈이야말로 주름 없이 탱탱한 눈가를 유지하는 필수 조건이다. 최근 풍부한 항산화 성분으로 관심을 끌고 있는 아스타잔틴Astaxanthin 복용도 권할 만하다. 비타민E의 400배에 달하는 항산화 성분을 함유하고 있어 비타민 폭탄이라고도 불리는 아스타잔틴은 화장품 원료로도 주목받고 있으며, 활성산소를 효과적으로 제거해 피부 노화를 늦추는데 적지 않은 도움을 준다.

헬스트레이너들의 탄탄한 근육이 몸매를 완성하듯이 우리 눈도 크게 다르지 않다. 눈 운동 방법은 8자를 옆으로 눕힌 모양을 따라 머리는 고정한 채 눈만 따라가는 운동이다. 눈을 둘러싼 6개 근육을 훈련하는 유용한 방법으로 눈의 피로를 풀고 눈에 수분과 영양을 활발히 공급해 준다.

Fact

뜨끈뜨끈 찜질방 시원해?
아니, 내 몸이 늙어가는 신호 열 노화

우리나라 사람들의 찜질 사랑은 유별나다. 후끈한 찜질방에 들어가면 너 나 할 것 없이 옆 사람과 경쟁이라도 하듯이 땀을 빼며 "어~ 시원하다!"라고 외친다. 그런데 이런 찜질 사랑이 피부 노화에 치명적인 영향을 준다는 걸 알고 계시는지?

우리가 일반적으로 말하는 피부 노화란 피부의 깊은 주름과 피부 탄력 감소, 색소 침착 증가 등인데 이러한 현상은 대부분 진피층 이상, 교원섬유의 감소, 탄력섬유의 변화로 나타난다. 하지만 최근 피부 노화의 주범 중 하나가 열이라는 사실이 보고되었다. 우리나라 사람들이 그리도 열광하는 찜질방은 물론 난로와 히터, 핸드폰, 드라이어 등 일상생활에서 발생하는 열 또한 노화의 주요 원인임이 밝혀진 것이다.

🕊 우리는 찜질방에서 시원하게 늙어가는 중

우리 몸은 신체 온도를 36.5℃로 일정하게 유지하면서 건강한 신체 환경을 만든다. 하지만 이상적인 피부 온도는 체온보다 낮은 30~31℃ 다. 문제는 외부의 열로 인해 체온이 급격히 오르면 동시에 피부 온도도 따라서 상승한다는 것이다. 이때 피부는 극도의 스트레스를 받아서 내부에서 급격한 변화, 즉 열 노화가 시작된다.

열 노화가 시작되면 먼저 높아진 피부 온도로 인해 콜라겐 분해 효소가 빠르게 활성화된다. 콜라겐 분해 효소인 MMP-1 matrix metalloproteinase-1, MMP-3 matrix metalloproteinase-3 라는 물질이 우리 피부를 지지하고 채워야 할 콜라겐을 분해시키면서 피부를 손상시키고 주름을 생성해 노화를 촉진한다. 또 피부 온도가 오를수록 피부활성산소 ROS, reactive oxygen species 수치도 상승하면서 다양한 염증을 유발하고, 피부 균형을 깨뜨린다. 게다가 혈관 크기가 늘어나 홍조현상이 심해지면서 복구가 어려운 상황까지 진행되는 경우도 적지 않다.

이는 연구 결과를 통해서도 확인된 바 있다. 지속적으로 동물 및 사람의 피부 조직을 열에 노출시키자 주름이 형성될 뿐만 아니라 피부가 얇아지는 현상이 함께 나타난 것이다. 이렇게 망가진 피부를 개선한답시고 갖가지 레이저를 시술하면 고온 출력으로 인해 열 손상이 더해진다.

뜨거운 찜질방에서 땀을 비 오듯 흘리면서 느끼는 시원함은 어쩌면 피부가 '저는 지금 늙어가는 중이니 제발 좀 그만해주세요'라고 호소하고 있는 것일지도 모른다.

Fact

숨길 수 없는 목 주름 예방이 최선의 방법

"누구도 상상 못 한 목 관리의 시작! 어떻게 이런 생각을 했지?"

유명 배우가 목 주름 개선 제품 광고에서 했던 내레이션이다. 이 광고는 굵은 목 주름 때문에 고민 중이었던 나의 두 눈과 귀를 번쩍 뜨이게 했다.

겉으로 보이는 얼굴에만 신경 쓰느라 미처 제대로 챙기지 못했던 목 주름은 나이테처럼 세월의 흔적을 고스란히 반영한다. 정확히 얘기하자면 소홀했다기보다는 목 주름 예방법을 몰랐다고 하는 것이 맞을 것이다.

🕊️ 목 주름 이해하고 예방하기

일반적으로 목 주름은 수직과 수평 형태로 나타나는데 피부색이 희거나 자외선으로 인한 자극이 심할수록 더 짙고 수도 많아진다. 이 두 가지 형태의 목 주름은 복합적인 원인으로 발생한다.

수직 주름은 목 피부의 콜라겐 감소로 인해 생긴다. 목은 다른 부위의 피부층과 달리 피지선이 부족하고 근육량이 적어 건조해지기 쉽다. 때문에 노화에 취약하다. 또 무거운 머리를 지지해야 하는 구조와 시시각각 회전 운동을 해야 한다는 점에 영향을 받기도 한다. 수직 주름은 피부 탄력 저하로 인해 얼굴과 목의 경계가 무너지면서 생기며 주로 50~60대에 많이 발생한다.

반대로 수평 주름은 오랜 생활습관으로 인해 피부 깊숙이 자리 잡는다. 책을 읽거나 스마트폰, 컴퓨터를 한 자세로 장시간 사용하면서 생기는 경우다. 또 잘못된 수면 자세도 목 주름을 유발한다. 접혔던 피부가 탄력을 잃어 제자리로 돌아오지 못해서 생기며, 주로 20~40대에 많이 발생한다.

사실 한 번 생긴 목 주름을 물리적으로 없애는 것은 쉬운 일이 아니다. 때문에 예방이 최선이다.

목 주름 예방을 위해서는 얼굴과 마찬가지로 선크림을 바르는 습관이 중요하다. 자외선은 우리 피부를 빨리 늙게 만드는 대표적인 원인이기 때문이다.

대부분 목까지 기초화장품을 제대로 바르지는 않는다. 이제부터라도 화장품을 바를 때 손에 남은 여분의 화장품을 목까지 꼼꼼히 바르는 습관을 들이자. 목도 얼굴 범주에 포함돼 있다는 점을 생각하면서 얼굴처럼 정성을 들이는 것이다. 이것이 적나라하게 드러나는 목 주름을 예방하는 가장 쉽고 지속적인 방법이다.

스카프나 목 수건을 통해 목을 보호하는 것도 유용한 팁이다. 특히 장시간 운전해야 한다면 꼭 목을 보호하도록 하자.

우리가 자는 동안에도 목의 노화는 계속 진행된다. 때문에 좋은 수면 습관을 들이는 것도 매우 중요하다. 생체학적 구조로 만들어진 베개 및 매트리스를 사용해 목의 부담을 최대한 덜어주고 스트레스를 받지 않는 수면환경을 조성하자. 이는 정신건강에도 도움이 된다.

또 틈틈이 목을 스트레칭하고 마사지해주는 것도 좋은 방법이다. 목의 회전 반경을 이용해 운동하면 된다. 목은 다른 부위에 비해 혈액과 림프순환이 더디기 때문에 귀를 중심으로 시작되는 림프절을 자극해 목 주변환경을 건강하게 유지해보자.

이와 함께 항산화 식품 섭취를 통해 피부 주름 생성을 최대한 방어하거나 목 전용 주름 관리 디바이스를 활용해하는 것도 좋은 방법 중 하나다.

'아차' 하는 순간에는 이미 늦었다. 얼굴과 목은 비슷해 보이지만 실제로는 전혀 다른 구조임을 잊지 말자. 목 주름은 오직 예방이 최선이다.

Fact

리프팅 화장품
잠깐의 눈속임일 뿐!

트렌드가 급변하는 시장에서 감을 잃지 않도록 홈쇼핑을 시청하곤 한다. 직업 특성상 제품을 객관적으로 보고 분석하는 것에 익숙해진 내가 늘 궁금해했던 화장품이 있다. 바로 즉각적인 주름 개선 효과와 탄력을 선사한다는 고가의 리프팅 화장품이다. 쇼 호스트들의 현란한 입담에 이어 화장품 도포 전후 사진을 클로즈업해 보여줄 때면 연신 매진 문구에 빨간불이 켜진다. 자글자글한 눈가 주름이 직접 보고도 믿지 못할 만큼 순식간에 쫙 펴지고 이중 턱이 금세 브이라인으로 변신하는 모습을 보면서 저 리프팅 화장품의 원리는 무엇일까?라는 궁금증이 가시질 않았다.

주름 개선 기능성 화장품으로 허가받기 위해서는 식약청에서 고시한 레티놀, 레티닐팔미테이트, 아데노신, 폴리에톡실레이티드레틴아마이드 Polyethoxylated Retinamide 등을 배합 한도 내에서 필히 첨가해야 한다. 그런데 설령 이러한 주름 개선 성분을 충분하게 넣었다고 한들 단순히 화장품 사용만으로 시술처럼 주름이 순식간에 사라진다는 것은 생리적으로 불가능하다.

진짜 리프팅 화장품이라면 중력을 이겨낼 만큼 탄력을 부여할 수 있어야 하고, 피부를 재생시킬 수 있어 하는데 이게 과연 가능한 일일까? 단언컨대 순식간에 주름을 없애는 특별한 성분이라는 것은 없다. 다만 아주 잠깐 주름이 펴진 것처럼 보이게 할 뿐이다.

🍃 리프팅 화장품의 비밀, 피막 형성제

리프팅 화장품에는 피부 표면에 얇은 막을 형성하는 피막 형성제가 사용된다. 대표적인 성분으로 폴리비닐알콜 PVA, polyvinyl alchol, 폴리비닐피롤리돈 PVP, polyvinyl pyrrolidone 을 들 수 있다. 피막 형성제는 피부에 바르자마자 건조해지면서 단단해져 피부 표면에 두꺼운 막을 형성한다. 그리고 피부 표면을 일시적으로 수축시켜 고정함으로써 즉각적이고 가시적인 주름 개선 효과를 일으킨 것처럼 보이게 한다. 도포 후 피막 형성제가 굳으면서 피부가 당겨지는 느낌을 받는데 이것을 탄력이라 착각하는 것이다. 하지만 피막 형성제는 물에 씻겨나가기 때문에 세안만 해도 본래의 피부 상태로 돌아간다.

이처럼 리프팅 화장품은 근본적으로 피부 재생과 탄력을 부여해 리프팅 하는 원리가 아니다. 게다가 다른 부위보다 피부가 얇은 눈가를 물리적으로 잡아당겼기 때문에 오히려 피부에 자극이 된다.

피막 형성제는 마스카라나 아이라이너가 물이나 땀에 잘 지워지지 않도록 하는 역할로 화장품 제조 시 꼭 필요한 성분이기도 하다. 하지만 기능적 측면에서 리프팅 기능을 발휘하는 성분은 아니다.

Fact

다크서클 없애주는
눈가 전용 화장품을 원하세요?

화장품은 입소문에 의한 파급효과가 크다는 특성 때문에 뷰티크리에 이터들의 후기 중심 온라인 마케팅이 성행한다. 이들은 제품 사용 전후의 확대된 비교 사진을 통해 특정 화장품의 우수성을 지극히 주관적인 관점에서 가감 없이 표현한다. '눈 밑에 바르자마자 순식간에 다크서클이 완화되고 주름까지 펴진다'는 마술 같은 이야기를 풀어놓기도 한다. 게다가 피부 내 수분 측정기를 이용해 제품 사용 전과 후의 수분량을 수치로 보여주면서 다크서클 완화, 주름 개선, 수분 충전 등 기적의 멀티 기능성 아이크림이라고 표현하기도 한다.

아이크림은 적은 용량에 비해 고가에 판매되는 제품이 많은데 추가로 다크서클 개선이라는 옵션이 더해지면 고작 15ml 용량에 20만 원을 훌쩍 넘기곤 한다. 다크서클을 개선해 준다는 아이크림, 정말 효과 있을까?

🌿 비싼 아이크림 바르면 나아질까?

다크서클은 공식적 의학 용어는 아니지만 통상 눈 밑이 어둡게 보이는 증상을 가리키는 말이다. 습진에 의한 색소 침착이나 눈 밑 피부가 지나치게 얇아 피하정맥이 드러나는 것이 원인인 경우도 있다. 간혹 나이가 들면서 눈 밑 지방이 빠지거나 볼록 튀어나와 생기는 그림자 때문에 어두워 보이기도 한다.

이처럼 다크서클은 눈가 피부 문제이거나 노화의 한 증상으로 나타나기 때문에 상태에 따라 수술 또는 비수술적 요법을 거치지 않으면 근본적 해결이 어려울 수도 있다. 설령 의학의 힘을 빌렸다고 해도 노화로 인해 겪을 수밖에 없는 눈가 문제를 100% 해결했다고 확언할 수는 없다.

나 역시 모임이 잦은 시기에는 피곤이 쌓여 다크서클이 턱 끝까지 내려오곤 한다. 피곤을 풀어주면 다시 회복되기는 하지만 피곤에 의한 다크서클은 혈액순환장애가 겉으로 보이는 것일 뿐 화장품으로 해결할 문제는 아니다.

앞서 말했듯 눈가는 유난히 얇은데다 다른 피부조직에 비해 피지선
이 덜 발달해 쉽게 건조해지며, 외부 자극을 막아주는 보호막도 없어
작은 자극에도 쉽게 예민해질 수밖에 없다. 따라서 눈 전용 화장품의
경우 최대한 자극이 적은 성분을 써야 하는데 이런 제품에서 한 번에
만족할 만한 효과를 기대하기는 어렵다. 눈 전용 화장품은 불편 해소보
다는 피부 보호와 건조 방지에 목적을 둬야 한다.

시중에서 판매 중인 아이크림 중 다크서클 개선을 강조하는 제품의
성분을 살펴보면 대부분 비타민이나 펩타이드, 식물 추출 성분, 고가의
캐비어 등을 함유하고 있다. 하지만 이 성분들이 혈액순환장애로 인한
다크서클 문제를 해결해 주는 것은 아니다. 이들 성분은 일반화장품에
도 함유된 지극히 평범한 성분에 불과하다.

간혹 바르자마자 다크서클 문제가 해결된다고 홍보하는 제품도 있지
만 이는 일부 화장품 성분이 일시적으로 어두운 부분을 가려줘 순간 다
크서클이 없어졌다고 착각하는 것뿐이다.

다크서클은 화장품으로 없앨 수 있는 것이 아니라 일상생활에서 끊
임없이 관리하고 예방해야 하는 불편한 존재다. 생활 속에서 실천할 수
있는 다크서클 예방 및 완화 팁을 공유한다.

① 눈가 세안 제대로 하기

눈 화장을 제대로 지우지 않으면 아이섀도는 물론 마스카라, 아이라이너 등이 눈가에 남아 잔여 색소가 착색되기 쉽다. 특히 워터프루프 화장품의 경우 착색력이 강하기 때문에 전용 클렌징 제품으로 말끔하게 지워야 한다.

② 눈가 주변에 수분 공급하기

세안 후 눈가 건조 예방을 위해 토너를 눈가에도 꼼꼼히 바르고 유·수분감이 높은 크림을 발라 눈가의 수분 부족을 예방한다.

③ 주기적인 눈 팩하기

오이나 알로에를 적당한 크기로 잘라 눈 위에 올려놓거나 토너를 화장솜에 충분히 적신 뒤 눈 위에 덮어주면 피부 건조와 눈의 피로감을 풀어줄 수 있다.

④ 항상 선크림 바르고 외출 시 선글라스 착용하기

선크림은 강한 자외선으로 인한 눈가 피부 손상을 막아 색소 침착을 예방한다. 또 외출 시 선글라스를 착용하면 자외선으로부터 눈 주변을 보호할 수 있다.

⑤ 눈 비비지 않기

항상 사용할 수밖에 없는 스마트폰과 PC는 눈의 피로감을 더하고, 각종 난방기구는 안구건조증을 악화시킨다. 이 때문에 무의식적으로 눈을 비비는 습관이 생길 수 있는데 의식적으로 눈을 만지거나 비비는 행동을 삼가야 한다.

⑥ 틈틈이 눈가 지압하기

엄지를 이용해 찬죽혈양쪽 눈썹 앞머리 아래에 쏙 들어간 부분을 3초간 지긋이 지압한다. 중지를 이용해 눈가의 혈점인 정명혈양쪽 눈이 콧대가 만나는 부분을 자극하고 위아래로 문지른다. 또 안구를 감싸고 있는 뼈를 전체적으로 자극하는 것만으로도 혈액 순환이 원활해지고 눈의 피로감도 줄어드니 수시로 지압해 주자.

⑦ 엎드려 자지 않기

엎드려서 잘 경우, 피부가 눌려 자극을 받는데 특히 눈가처럼 얇은 피부에는 깊고 굵은 주름이 생길 수 있다. 또한 엎드려 자는 자세는 안압 상승의 원인이 될 수 있다. 그러니 눈 건강을 위해서라도 엎드려 자는 나쁜 습관은 버리자.

Fact

꽃중년 꿈꾸는 남성이라면
필독!

그루밍족이 대세인 요즘, 꽃중년까지는 욕심일지 몰라도 최소한 제 나이로 보여야 덜 억울하지 않을까? 이번에는 중년 남성의 피부 건강 관리를 위한 9계명을 소개하고자 한다.

중년 남성 피부 건강 관리 9계명

_알코올 냄새 나는 '아저씨 스킨'은 휴지통으로

아직도 대중목욕탕에 비치된 '파란색 스킨'을 사용하는가? 뚜껑을 열자마자 코를 찌를 듯 풍기는 알코올향을 아직도 '남성다움'이라고 착각하고 있다면 당신의 '아재다움'은 더욱 가속될 것이다. 알코올의 강한 자극과 휘발성은 피부 건조를 유발하고 피부장벽을 훼손시키는 일등공신이기 때문이다. 아저씨 스킨을 당장 휴지통으로 보내버리자. 그것이 소중한 피부를 보호하는 길이다.

_면도 시에는 쉐이빙 폼 이용하기

면도는 피부 표면에 미세한 상처를 남긴다. 이때 피부 보호막도 함께 제거될 수 있기 때문에 피부를 보호할 수 있도록 충분한 거품을 내는 쉐이빙 폼을 사용하자. 번거롭다며 대충 비누 거품으로 해결하는 사람도 있는 모양인데 피부 표면의 pH는 4.5~6의 약산성이지만 비누는 대부분 강한 알칼리성이라 각질층을 지나치게 제거해 피부 건조의 원인이 된다. 게다가 쉐이빙 폼에 비해 쿠션 역할도 부족해 피부 표면에 자극적이다.

_비누 하나로 다 해결된다는 생각은 금물

아무리 피지 분비가 왕성했던 남성이라도 나이 들수록 수분 손실율이 높아진다. 따라서 정상적인 유·수분 균형을 무너뜨리지 않는 클렌징 제품이 필요하다. 건조한 피부라면 클렌징 제품을 꼭 구별해 사용하자. 비누가 만능이라고 믿는 귀차니즘이 당신을 노안으로 만드는 걸지도 모른다.

_선크림과 친해지기

피부 노화의 가장 큰 원인은 자외선이다. 자외선은 365일 여름과 겨울, 실내외를 막론하고 우리 피부를 위협하는 주요 요인이다. 구름 낀 흐린 날씨에도 자외선이 있으니 방심해선 안된다. 끈적임과 백탁 현상을 핑계로 멀리하지 말고 피부세포가 젊을 때부터 자외선 차단제를 가까이하자.

_보습만이 살길

남성호르몬은 표피를 두껍게 만들고 피지 분비를 촉진한다. 따라서 여성에 비해 상대적으로 피지 분비량은 많고 수분량은 적은 피부 상태가 지속된다. 하지만 피지 조절과 수분 공급은 전혀 다른 문제이다. 단지 끈적이는 것이 불편하다고 해서 보습 제품을 멀리하면 안된다. 건강한 피부는 유·수분 밸런스가 유지될 때 만들어진다. 나이가 들수록 피지의 양이 감소하고 수분 손실이 커져 피부 노화를 가속화시키니 미리미리 수분을 축적해놓자.

_피지 많은 피부라면 기초화장품은 간단히

피지가 많아 번들거림이 심하고 트러블이 있는 경우에는 화장품을 다양하게 많이 사용하는 것이 오히려 피부 문제를 더욱 악화시키는 자극제가 된다. 우리 피부는 '화장품 총량의 법칙'이 철저하게 지켜지는 시스템이다. 많이 바른다고 전부 흡수되는 것이 아니다. 과한 화장품 사용은 모공을 막고, 피지를 과잉생산하고, 트러블을 유발하는 악순환을 불러일으킬 뿐이다.

_피부 타입에 맞는 클렌징 제품 사용

남성의 피부는 여성보다 모공이 커 노폐물이 쌓이기 쉽고, 피부결이 거칠어 세안이 매우 중요하다. 미온수를 사용한 세안과 피부 타입에 맞는 클렌징 제품을 이용해 모공을 청소하고, 낮 동안 쌓인 노폐물을 제거해 트러블을 예방하는 것이 핵심이다. 악건성 타입도 아닌데 물로만 세안하는 것은 구강 청결제만 사용하면서 치아가 건강해지기를 바라는 것과 같다.

_AHA·BHA 성분 화장품 사용하기

AHA와 BHA는 산^{Acid}의 종류로 피부 표면에 있는 두꺼운 각질의 연결고리를 느슨하게 만들어 녹인다. 이들 제품은 주기적인 각질 정리가 어렵고 트러블이 잦은 피부에 약한 필링효과를 주기 때문에 편리하게 사용할 수 있다. 특히 자기 전 바르는 AHA·BHA 성분의 화장품은 자극 없이 각질을 제거해 주니 꼭 활용하도록 하자.

담배 1개비를 피우면 니코틴에 의해 혈관이 약 30분 정도 수축된다. 혈관 수축은 영양분 및 산소 전달을 방해해 피부를 칙칙하게 만드는 결정적인 요인이다. 또 탄력섬유를 손상시켜 피부 탄력을 떨어뜨리고 주름을 촉진한다. 비싼 화장품을 왕창 사는 것보다 금연이 더 효과 좋은 피부 관리 방법이다.

화장품은 내게 거짓말을 한다

초판 1쇄 발행 2020년 12월 18일

지은이   한정선
기 획   헬스경향
발행인   곽철식

책임편집 구주연
디자인   박영정
펴낸곳   다온북스
인쇄   영신사

출판등록 2011년 8월 18일 제311-2011-44호
주소   서울시 마포구 토정로 222, 한국출판콘텐츠센터 313호
전화   02-332-4972   팩스   02-332-4872
전자우편   daonb@naver.com

ISBN 979-11-90149-48-8   (03570)

이 도서의 국립중앙도서관 출판예정도서목록(CIP)은 서지정보유통지원시스템
홈페이지(http://seoji.nl.go.kr)와 국가자료공동목록시스템(http://www.nl.go.kr/kolisnet)에서
이용하실 수 있습니다.(CIP제어번호: CIP 2020049777)

• 다온북스는 독자 여러분의 아이디어와 원고 투고를 기다리고 있습니다.
  책으로 만들고자 하는 기획이나 원고가 있다면, 언제든 다온북스의 문을 두드려 주세요.